园艺花卉
栽培
养护丛书

U0319919

徐帮学 编

环保花卉选育与栽培指南

化学工业出版社
·北京·

本书详细介绍了环保花卉选育及栽培的相关内容,针对室内环境污染特点,重点介绍了净化空气的常用植物品种、植物的选择与摆放、常用繁殖方法、盆栽方法与日常管理、水培技巧及养护知识等。

本书通俗易懂,图文并茂,融科学性、知识性、实用性为一体,适合广大花卉种植户、花木培育企业员工、园林工作者阅读使用,也适合高等学校园林专业和环境艺术设计专业的学生、室内设计师、室内植物装饰爱好者及所有热爱生活的读者学习参考。

图书在版编目(CIP)数据

环保花卉选育与栽培指南/徐帮学编. —北京:化学
工业出版社,2017.2(2017.7 重印)
(园艺花卉栽培养护丛书)
ISBN 978-7-122-28838-7

Ⅰ.① 环… Ⅱ.① 徐… Ⅲ.① 花卉-选择育种-指南
②花卉-栽培-指南 Ⅳ.①S68-62

中国版本图书馆 CIP 数据核字(2017)第 005043 号

责任编辑:董 琳　　　　　　　　　　　　文字编辑:汲永臻
责任校对:宋 夏　　　　　　　　　　　　装帧设计:张 辉

出版发行:化学工业出版社(北京市东城区青年湖南街13号　邮政编码100011)
印　　刷:北京永鑫印刷有限责任公司
装　　订:三河市宇新装订厂
787mm×1092mm　1/16　印张12　字数291千字　2017 年 7 月北京第 1 版第 2 次印刷

购书咨询:010-64518888(传真:010-64519686)　　售后服务:010-64518899
网　　址:http://www.cip.com.cn
凡购买本书,如有缺损质量问题,本社销售中心负责调换。

定　　价:48.00 元　　　　　　　　　　　　　　　版权所有　违者必究

随着人们生活水平的逐步提高，花卉绿植已经成为当代人们生活中必不可少的一部分，养花也因此成了很多人生活中的一大爱好。各种花卉千姿百态、色彩斑斓，可以把人们的生活环境装点得更美好。除此之外，花卉赏心悦目，可以振奋精神，消除疲劳，净化空气，有益于人们身心健康。

人们的生活离不开花卉绿植的陪伴。一个安全舒适、空气清新的家不是奢望，只要用心在家中栽培适合的花卉植物，就能拥有一个健康绿色的家。花草树木等绿色植物是人类的好朋友，很多绿色植物都可以吸收有毒的装修污染物，是清除装修污染的"清道夫"，而且能够起到很好的"空气净化器"的作用。

自然界中的很多花卉植物具有很强的空气净化能力，通过系统了解花卉植物的功效并懂得如何栽培它们，就能实现您的居室健康梦想。在生活中，如果我们用心去认识花卉，找对花卉绿植养护要点，精心照料花卉，就会发现养好花其实很简单。不同的花就像是不同个性的人，都有其自己的喜好。因此，养花前我们要充分了解各种花卉的习性，了解花的浇水量、施肥量等具体的养护知识，这样才能做到科学合理的养护，收到事半功倍的效果。由此，我们特组织编写了《园艺花卉栽培养护丛书》。

《园艺花卉栽培养护丛书》包括以下分册：《室内花卉布置与栽培指南》《绿植花卉扦插移植与育苗》《绿植病虫害防治与水肥管理》《环保花卉选育及栽培指南》和《阳台花卉培育与庭院绿植》。

本丛书旨在为读者打造一个家庭园艺栽培与养护的实用指南，以指导广大读者懂得如何选种适合自己居室的花卉绿植，如何摆放一些盆栽花木，如何养护花卉绿植，如何应对花卉绿植常见的生长问题等。本丛书各分册内容深入浅出、图文并茂，适合花卉绿植爱好者及所有热爱生活的读者阅读参考。

本丛书在编写的过程中得到了许多同行、朋友的帮助，在此我们感谢为本丛书的编写付出辛勤劳动的各位编者。参与本丛书编写的人员如下：徐帮学、王辉、徐春华、侯红霞、袁飞、霍美焕、李楠、时焕焕、罗振等。在本丛书编写过程中还得到田勇、李刚、高汉明等的帮助，在此对他们表示感谢！

由于编者水平有限，书中疏漏和不妥之处恳请专家、同行及广大读者提出宝贵意见，以便我们及时改正和补充。

编者

2016 年 8 月

目录

第一章

花卉是人类的"绿色守护神"

许多绿色植物具有监测空气污染、净化空气的作用，不仅能监测室内污染物的种类和浓度，还能有效减少甚至消除室内环境污染对人体的伤害，所以这些绿色植物又被称为"监测器"、"消毒剂"，堪称人类的"绿色守护神"。

第一节　减少室内污染物离不开植物净化

室内空气污染是我们工作和生活中面临的最严重问题之一，我们利用植物净化室内空气，是一种经济有效的室内环境污染修复方法，它对于提升人们的生活质量有着重要的应用价值。本节主要介绍了室内空气污染的各种危害，指出了植物净化室内空气污染的巨大作用。

一、警惕室内空气污染

我们对空气污染物质的认识，是随着科学技术水平的不断提高而不断深化的过程。我们最早发现的空气污染物有二氧化硫、二氧化氮、一氧化碳、臭氧和铅等。因此，有人将这些污染物质统称为"传统空气污染物"。一般情况下，传统空气污染物的种类比较少，除铅以外，不会在人体内积累，对健康的影响主要表现为引起呼吸系统疾病。目前，除氮氧化物以外，人们对这些污染物引起的健康效应已有相当的了解，一般在摄入几分钟（急性）到数年（慢性）内出现反应。

工业的发展带来了严重的空气污染。通常，人们将产生的这些污染物质统称为"非传统空气污染物"。人体吸入这些污染物后，会在体内积累，从而引起人体各器官的病变。而人们对于非传统空气污染物对健康影响的知识又了解甚少。

关于室内空气污染物的分类方法较多，按照污染物的理化性质可以将室内空气污染物分为 3 大类。

1. 物理性污染物

（1）由建筑材料、建筑装饰材料等产生的室内污染，如放射性氡污染。

（2）噪声与振动。

（3）家用电器和照明设备所产生的电磁污染。

2. 化学性污染物

（1）挥发性有机物　如醛、苯系有机物等数百种挥发性有机物。

（2）无机化合物　如一氧化碳、二氧化碳、氮氧化物、二氧化硫、氨等来源于燃烧过程的产物及家庭使用的各种化学制品中含有的污染物质等。

3. 生物性污染物

由垃圾和潮湿霉变的墙体产生的细菌、真菌类孢子、藻类植物呼吸放出的二氧化碳以及人类活动如烹饪、吸烟，人和宠物的代谢产物（皮屑、碎毛发、口鼻分泌物、排泄物）等。

根据室内污染的形成原因，又可分为生活污染、烟草烟雾污染和装饰装修污染等。

二、如何判别室内环境是否健康

我们工作和生活的室内环境是否受到污染，其污染程度到底有多大等方面的情况，很难用人体的各种感觉器官进行直接判别，这需要通过环境监测部门采集相关的样品进行分析测定，才能够确定。尽管如此，我们还是可以通过对以下现象的分析进行初步判别。

1. 对有特殊气味气体成分的污染判别

有很多的空气污染物都具有自身的特殊气味，如果生活或工作在同一室内的人员都能感受到相同的气味，说明这些气体已经达到相当高的浓度，可能对人体已经产生相应的威胁。如硫化氢有臭鸡蛋气味；苯、甲苯、二甲苯等具有芳香气味；臭氧具有草腥味；二氧化硫、氨气、甲醛都有相应的气味。

2. 有一些污染性气体成分具有刺激性

有一部分污染物质除具有特殊的气味外，对眼睛等器官还具有刺激性，使人产生不适，如新购买的家具中如果甲醛含量较高，打开家具门时，会出现眼睛不容易睁开，或者流泪等现象，说明这些气体成分已经对室内空气质量产生了不利的影响。值得注意的是，只有这些气体在室内空气中达到一定浓度时，才会对人体的感觉器官产生这些刺激作用。

3. 仔细观察和分析

仔细观察和分析在同一室内居住或工作的人群，有没有以下情况发生，如果有这些情况发生的话，说明你居住或工作的室内可能存在空气污染问题。

（1）在一起生活的家人时常同时出现相同症状的皮肤过敏，并且过去家庭没有新购家具或家用电器、重新装饰、装修或者周围环境没有增加有污染情况的企业和生产工厂以前，这些症状都没有发生过。

（2）家中的小孩或老人经常出现咳嗽、打喷嚏、抵抗能力下降，时常出现情绪低落、精神不振的现象，医生诊断过程中又难以找出明确的病因。

（3）在室内并没有烹饪油烟、燃烧物或吸烟产生的烟雾情况下，室内人员有喉咙不适、发痒的感觉。

（4）长时间生活或工作在空调环境中的人，由于室内空气不能及时更换，新鲜空气不能进入室内，空气质量得不到改善，出现身体乏力、记忆力衰退、头痛、头晕、耳鸣等症状。

（5）在同一家庭或办公室里生活和工作的人，都不同程度地出现头痛、晕眩、嗜睡、疲劳，甚至出现呼吸不畅、心律不齐、精神紊乱等症状，当人离开同一家庭或办公室，这些症状就会完全消失或明显减轻。

4. 对植物和宠物进行观察

室内种植的植物或家庭饲养的各种宠物等对室内空气污染物往往非常敏感，当其出现以下一些现象时，也应当从室内是否存在空气污染的角度进行研究和分析。

（1）在室内种植的不同植物同时出现叶片变黄、不容易成活和发生枯萎的现象，特别是搬入新办公室、住宅或重新对办公室、住宅进行了装饰、装修的情况下，发生这种现象。

（2）家养的宠物（如猫、狗）以及观赏鱼等，对室内空气环境状况的反应也比较敏感，在空气质量变差的情况下，会出现一些反常的情况或疾病，甚至会发生莫名其妙的死亡，也可能与污染有密切的关系。

当我们工作和生活的室内环境出现上述一种或几种情况时，就应当认真分析原因，及时发现引起这些现象的因素，并采取相应的措施。

三、最好的净化器：环保花卉

许多绿色植物都有净化室内空气，改善室内空气质量的功能，能够减少甚至消除空气污染对我们身体的损伤。那么，在净化空气方面，常见的绿色植物到底有什么功效呢？

1. 绿色植物有着比较强的化毒、吸收、积聚、分解及转化的功能

可以说，植物体就是一个时时刻刻进行着各种生理性催化、转化作用的"化工厂"。植物自身通过酶系统的作用将污染物转化为自身的营养物质，不能转化为营养物质的污染物会形成大分子络合物，能够减轻污染物的毒性，能够净化室内空气的绿植如图 1-1 所示。

图 1-1　能够净化室内空气的绿植

2. 绿色植物能够吸收二氧化碳，释放氧气

绿色植物通过在阳光下吸收空气里的二氧化碳及水来进行光合作用，同时释放出近乎它吸收的空气总量 70% 的氧气，从而使空气变得更加洁净。到了晚上，绿色植物无法进行光合作用，但会进行呼吸作用，能把氧气吸收进去，释放出二氧化碳。尽管绿色植物在晚上释放出来的二氧化碳的量较少，对人们的健康不会构成威胁，但是在卧室里晚上最好也不要摆放太多的盆栽植物。

3. 绿色植物能够吸滞粉尘

大部分植物都有一定的吸滞粉尘的功能，但不同种类的植物其吸滞粉尘的能力强弱也不尽相同。通常来说，植物吸滞粉尘能力的强弱同植物叶片的大小、叶片表面的粗糙程度、叶面着生角度及冠形有关系。针叶树因其针状叶密集着生，而且可以分泌出油脂，所以其吸滞粉尘的能力比较强。

4. 增加负离子浓度

负离子的形成有几条途径，其中之一是，绿色植物在光合、蒸腾中能形成光电效应，使空气电离而产生负离子。植物的光合、蒸腾越强烈，负离子越多。但负离子寿命较短暂，一般只存在几十分钟，而我们每天需要的负离子量又极多。

负离子能促成人体合成和储存维生素，强化和激活人体的生理活动，因而被称为"空气维生素"，已被医学界确认具有杀灭细菌和净化空气的效用。负离子能使大脑皮层功能和脑力活动加强；扩张血管，增加血中含氧量；改善和增加肺活量；镇静和催眠。当我们来到公园、郊区、田野、海滨、湖泊、瀑布附近或森林中时，会明显感到神智清爽、精神振奋，这和负离子浓度高有密切关系。

5. 分泌杀菌素

室内空气中散布着多种细菌，其中有很多是对人类有害的病菌。

试验证明，许多植物的根、茎、叶、花等器官，常能分泌出一些挥发性的杀菌素，如树脂、生物碱、丁香酚等。植物的杀菌素对各种细菌、真菌和原生动物等有杀死或抑制其发展的作用。因此，公园里、空气中的含菌量远远低于人口稠密的闹市区。

杀菌素不仅能杀死、抑制细菌、真菌等，对昆虫的生长、繁殖也有一定的影响，能够去除居室污染的绿植如图 1-2 所示。

图 1-2　能够去除居室污染的绿植

6. 吸附放射性物质

植物不仅可以阻隔放射性物质和辐射传播，还可以起到过滤和吸附作用。科学家们曾用中子-γ 混合辐射照射植物，由于剂量不同而获得不同的结论，在一定的剂量下，植物可以吸收而仍保持自身旺盛生长；超过一定剂量，枝叶大量减少，对植物生长有一定影响。树种不同，抗辐射的能力也不同。研究发现，常绿阔叶树净化放射性污染的速度和能力比常绿针叶树强很多。在室内应用时，可将盆栽植物放在辐射源的正面，以利吸收辐射。

7. 降低噪声

现代城市由于人口密集、交通繁杂、大楼林立等产生的噪声已影响到正常工作、学习和生活。而树木花草由于表面积大，气孔众多、粗糙的纤毛无数，能有效地吸收、阻挡噪声，起到降低噪声的作用。室内摆放盆栽植物，同样能起到这方面的作用。

8. 具有警示污染物的作用

由于植物对污染物会产生多种反应，有些反应是吸收、转化等达到净化作用，有些反应则是生长不良、凋谢甚至死亡，这是植物对污染物敏感性的表现，也是环境受到污染的信号。利用植物监测污染是巧妙、简便、有效的好方法。同时也不妨碍盆栽植物美化环境、净化空气的作用。一般污染物对植物造成的伤害，首先反映在叶片上，观察植物叶片产生的症状，基本上可以判断空气中污染物的种类，能够监测室内污染的绿植如图1-3所示。

图 1-3　能够监测室内污染的绿植

在污染物交叉危害的情况下，可结合室内功能、陈设等的污染源及释放出的污染物特点、植物所表现的症状，鉴定出是由哪种污染物造成的。但较彻底的方法，还是请有关部门进行鉴定，查出隐患。

🌸 第二节　如何选择环保花卉植物

随着花卉植物越来越多地出现在家居生活中，在让家居赏心悦目的同时，也为居室营造了一个小小的"天然氧吧"。本节主要从室内空气污染特点、不同房间、特殊人群等如何选择花草进行概括的叙述。

一、如何选择室内空气净化植物

当前，利用植物作为净化室内空气污染物的辅助手段，已经得到绝大多数人的认同。由于植物的种类繁多，在净化室内空气方面具有一定作用的植物种类也较多，我们需要知道如何选择适宜的植物净化室内空气。

1. 选择常见的植物品种和健壮的植株

一些常见的植物品种很容易在市场购买，同时，人们对这些品种的栽培和管理的研究也比较深入，在正常栽培条件下容易种植，成活率高。最好是选用一些管理粗放、生命力强的植物品种。同时，还应当注意选择生长季节较长，能不断发出新叶的植物品种，这样才能使这些植物在室内空气净化中的作用发挥得更好。选择室内摆放的植株时一定要选择植物个体发育正常、健壮、无病虫危害、长势良好的，这样的植株生命力强，才能更好地发挥对空气的净化效果。

2. 选择的植物种类应当具有较强的针对性

不同的植物对空气中污染物的净化效果差异很大，有的植物可能只对一些特定污染物质有吸收作用，而有的植物可能同时对多种污染物有净化作用。研究表明，吊兰（图1-4）、鹅掌柴等绿色植物对甲醛的吸收效果较好，而月季、香石竹等对二氧化硫的净化效果较好；

图1-4　能够吸收甲醛的吊兰盆栽

龙舌兰对甲醛、三氯乙烯和苯的吸收效果都较好，也有人研究发现芦荟能够吸收多种空气污染物质。在选择摆放的植物时，应当针对室内空气污染物的种类，选择适宜的植物品种，或者针对多种污染物质，搭配多种植物，从而达到美化和净化的双重功效。

3. 室内摆放的植物数量应该适当

植物生长发育过程中，要不断地进行新陈代谢活动，从植物自身的生理代谢的角度，植物白天进行光合作用可以吸收二氧化碳，排出大量氧气，而到夜间进行呼吸作用则是吸收氧气，放出二氧化碳。一般情况下，叶面面积大、生长快的植物夜间的呼吸作用更强，容易出现夜间植物和人争夺氧气的情况。因此，室内植物数量太多，夜间室内氧气浓度降低太快，二氧化碳的浓度较高，不利于人们睡眠，反而会影响人的身体健康。通常情况下，面积为 $10m^2$ 的房间内摆放 $2\sim3$ 盆低于 $1m$ 或 2 盆高 $1.5m$ 的绿色植物比较适宜。仙人掌类植物，如仙人掌、仙人球、令箭荷花等能够全天进行光合作用，夜间也会释放氧气，不会发生与人争氧的情况，对人体健康有利。因此，室内可以适当摆放一些仙人掌类植物。客厅绿植摆放如图 1-5 所示。

图 1-5　客厅绿植摆放

4. 应当经常更换室内植物或适当给予植物光照

因为植物对空气污染物的净化能力是有一定限度的。当植物体内积累的有害物质达到一定量时，一方面会影响植株的自身生长，引起植株的病变，甚至死亡；另一方面当植株吸收的污染物质的量较大时，对室内空气污染的吸收能力可能会下降，影响净化效果。因此，在利用绿色植物净化室内空气时，每隔一定时间应当进行植物更换，以保证净化效果。同时，长期生活在室内的植物，由于缺乏光照，植株的生长会受到一定程度的影响，即使是耐阴的植物也需要适当的散射光，室内盆栽植物每隔一定的时间应当搬出室外，适当照光，以促进植株的生长和发育。

5. 尽量避免选用可能对人体造成伤害的植物品种

自然界中的植物品种繁多，大多数的绿色植物和花卉都能给人带来美的享受和愉快的心情，但是，有少数的花卉也是有害或有毒的，当这些有毒或有害的植物引入室内后，使用不当会对人体造成一定的伤害。特别是有小孩的家庭，一些带刺的植物可能伤害到小孩，或者小孩出于好奇心误食这些植物后会引起中毒，因此这些家庭更应该注意这些植物的摆放位置。如一品红（图1-6），全身有毒，其白色的汁液能够刺激皮肤产生红肿，误食茎叶后，会发生中毒；虎刺梅、霸王鞭、光棍树茎的白色汁液对人体也有毒；虞美人、秋水仙、含羞草等含有的植物生物碱有剧毒。此外，有的植物生长过程中会向室内释放一些有害的成分，导致人体不适，如天竺葵叶片具有特殊的气味，长期放入室内会使一些人产生过敏反应。

图1-6　全身有毒的一品红盆栽

需要特别强调的是，绿色植物除了对室内空气具有一定的净化作用以外，对室外大气中的污染物质同样可以起到一定的吸收和净化作用。同时，也应该清楚绿色植物对于空气的净化作用并不能代替其他的净化技术措施和方法。绿色植物的净化作用只是一种辅助方法和手段，对中、低浓度的室内污染的净化效果比较明显，对具有高浓度污染物的空气净化作用是十分有限的。

二、如何针对不同房间选择花卉

在选用花卉的时候，应当注意顾及房间的功用。客厅、卧室、书房和厨房的功用各不相同，在花卉选用上也需要有所侧重，而餐厅与卫生间所摆设的花卉更应该有所不同。

另外，居室面积的大小也决定着所选花卉的品种与数量。通常来说，植物体的大小与数量应当和房间内空间的大小相对应。在空间比较大的居室里，若摆设小型植物或者植物数量太少，就会令人觉得稀松、乏味、不大气；而在空间比较狭小的房间中，则不适宜摆设高大的或者数量过多的植物，否则会令人感觉簇拥、憋闷、堆积。在植物摆设上，一般讲究重质不重量，摆设植物的数量最好不要超出房间面积的1/10。

1. 人来人往的客厅

客厅是招待客人的重要场所，在客厅摆放植物，不仅具有装饰、美化环境的作用，还能净化环境，给朋友和家人一个舒适安全的生活空间。通常来说，在为客厅摆设花卉的时候应依从下列几条原则。

（1）通常客厅的面积比较大，选择植物时应当以大型盆栽花卉为主，然后再适当搭配中小型盆栽花卉，才可以起到装点房间、净化空气的双重效果。

（2）客厅是家庭环境的重要场所，应当随着季节的变化相应地更换摆设的植物，为居室营造出一个清新、温馨、舒心的环境。

（3）客厅是人们经常聚集的地方，会有很多的悬浮颗粒物及微生物，因此应当选择那些可以吸滞粉尘及分泌杀菌素的盆栽花草，比如兰花、铃兰、常春藤、紫罗兰及花叶芋等。

（4）客厅是家电设备摆放最集中的场所，所以在电器旁边摆设一些有抗辐射功能的植物较为适宜，比如仙人掌、景天、宝石花等多肉植物。特别是金琥，在全部仙人掌科植物里，它具有最强的抗电磁辐射的能力，电脑旁的绿植如图1-7所示。

图1-7 电脑旁的绿植

（5）如果客厅有阳台，可在阳台多放置一些喜阳的植物，通过植物的光合作用来减少二氧化碳、增加室内氧气的含量，从而使室内的空气更加新鲜。

2. 养精蓄锐的卧室

人们每天处在卧室里的时间最久，它是家人夜间休息和放松的地方，是惬意的港湾，应当给人以恬淡、宁静、舒服的感觉。与此同时，卧室也应当是我们最注重空气质量的场所。所以在卧室里摆设的植物，不仅要考虑到植物的装点功能，还要兼顾到其对人体健康的影响。通常应依从下列几条原则。

（1）卧室的空间通常略小，摆设的植物不应太多。同时，绿色植物夜间会进行呼吸作用并释放二氧化碳，所以如果卧室里摆放绿色植物太多，而人们在夜间又关上门窗睡觉，则会导致卧室空气流通不够、二氧化碳浓度过高，从而影响人的睡眠。因此，在卧室中应当主要摆设中、小型盆栽植物。在茶几、案头可以摆设小型的盆栽植物，比如茉莉、含笑等色香都较淡的花卉；在光线较好的窗台可以摆设海棠、天竺葵等植物；在较低的橱柜上可以摆设蝴蝶花、鸭跖草等；在较高的橱柜上则可以摆设文竹等小型的观叶植物。

（2）为了营造宁静、舒服、温馨的卧室环境，可以选用某些观叶植物，比如多肉多浆类植物、水苔类植物或色泽较淡的小型盆景。当然，这些植物的花盆最好也要具有一定的观赏性，一般以陶瓷盆为好，卧室绿植摆放如图1-8所示。

图 1-8　卧室绿植摆放

（3）依照卧室主人的年龄及爱好的不同来摆设适宜的花卉。卧室里如果住的是年轻人，可以摆设一些色彩对比较强的鲜花或盆栽花；卧室里如果住的是老年人，那么就不应该在窗台上摆设大型盆花，否则会影响室内采光。而花色过艳、香气过浓的花卉易令人兴奋，难以入眠，也不适宜摆设在卧室里。

（4）卧室里摆设的花形通常应比较小，植株的培养基最好以水苔来替代土壤，以使居室保持洁净；摆设植物的器皿造型不要过于怪异，以免破坏卧室内宁静、祥和的氛围。此外，也不适宜悬垂花篮或花盆，以免往下滴水。

3. 安静幽雅的书房

书房是人们看书、习字、制图、绘画的场所，因此在绿化安排上应当努力追求"静"的效果，以益于学习、钻研、制作及创造。可以选择如梅、兰、竹、菊一类古人较为推崇的名花贵草，也可以栽植或摆放一些清新淡雅的植物，这样有益于调节神经系统，减轻工作和学习带来的压力。在书房养花草，通常应当依从下列几条原则。

（1）从整体来说，书房的绿化宗旨是宜少宜小，不宜过多过大。所以，书房中摆放的花草不宜超过三盆。

（2）在面积较大的书房内可以安放博古架，书册、小摆件及盆栽君子兰、山水盆景等摆放在其上，能使房间内充满温馨的读书氛围。在面积较小的书房内可以摆放大小适宜的盆栽花卉或小山石盆景，米兰、茉莉、水仙等雅致的花卉是较好的选择，书房绿植摆放如图1-9所示。

图1-9　书房绿植摆放

（3）书房适宜摆设观叶植物或色淡的盆栽花卉。例如，在书桌上面可以摆一盆文竹或万年青，也可摆设五针松、凤尾竹等，在书架上方靠近墙的地方可摆设悬垂花卉，如吊兰等。

（4）书房的窗台和书架是最为重要的地方，一定要摆放一两盆植物。可以在窗台上摆放稍大一点儿的虎尾兰、君子兰等花卉，显得质朴典雅；还可以在窗台上点缀几小盆外形奇特、比较耐旱的仙人掌类植物，来调节和活跃书房的气氛；在书架上，可放置两盆精致玲珑的松树盆景或枝条柔软下垂的观叶植物，如常春藤、吊兰、吊竹梅等，这样可以使环境看起来更有动感和活力。

（5）从植物的功用上看，书房里所栽种或摆放的花草应具有"旺气"、"吸纳"、"观赏"三大功效。"旺气"类的植物常年都是绿色的，叶茂茎粗，生命力强，看上去总能给人以生机勃勃的感觉，它们可以起到调节气氛、增强气场的作用，如大叶万年青、棕竹等；"吸纳"类的植物与"旺气"类的植物有相似之处，它们也是绿色的，但最大功用是可以吸收空气中对人体有害的物质，如山茶花、紫薇花、石榴、小叶黄杨等；"观赏"类的植物则不仅能使室内富有生机，还可起到令人赏心悦目的功用，如蝴蝶兰、姜茶花等。

4. 烹制美味的厨房

厨房是人们每天做饭的地方。同时，厨房里的环境湿度也很适合大部分植物的生长。厨房花卉植物的选择应当注重实用功效，例如方便烹饪、减少油烟等功能。通常来讲，在厨房摆放的植物应当依从下列几条原则。

（1）厨房摆放花草的总体原则就是"无花不行，花太多也不行"。因为厨房一般面积较小，同时又设有炊具、橱柜、餐桌等，因此摆设布置宜简不宜繁，宜小不宜大。

（2）厨房主要摆设小型的盆栽植物，最简单的方法就是栽种一盆葱、蒜等食用植物作装点，也可以选择悬挂盆栽，比如吊兰。同时，吊兰还是很好的净化空气的植物，它可以在24小时内将厨房里的一氧化碳、二氧化碳、二氧化硫、氮氧化物等有害气体吸收干净，此外，它还具有养阴清热、消肿解毒的作用。

（3）可以在厨房窗台上摆设蝴蝶花、龙舌兰之类的小型花草，也能将短时间内不食用的菜蔬放进造型新颖独特的花篮里作悬垂装饰。另外，在临近窗台的台面上也可以摆放一瓶插花，以减少油烟味。如果厨房的窗户较大，还可以在窗前养吊盆花卉。

（4）厨房里面的温度、湿度会有比较大的变化，宜选用一些有较强适应性的小型盆栽花卉，如三色堇等。

（5）厨房花色以白色、冷色、淡色为宜，以给人清凉、洁净、宽敞之感。

（6）虽然天然气、油烟和电磁波还不至于伤到植物，但生性娇弱的植物最好还是不要摆放在厨房里。

（7）值得注意的是，为了保证厨房的清洁，在这里摆放的植物最好用无菌的培养土来种植，一些有毒的花草或能散发出有毒气体的花草则不要摆放，以免危害身体健康，厨房绿植摆放如图1-10所示。

图1-10　厨房绿植摆放

5. 储蓄能量的餐厅

餐厅是一家人每日聚在一起吃饭的重要地方，所以应当选用一些能够令人心情愉悦、有利于增强食欲、不危害身体健康的绿色植物来装点，如图1-11所示。餐厅植物一般应当依从下列几条原则来选择和摆放。

（1）餐厅对花卉的颜色变化和对比应适当给予关注，以增强食欲、增加欢乐的气氛，春兰、秋菊、秋海棠及一品红等都是比较适宜的花卉。

（2）餐厅由于受面积、光照、通风条件等各方面条件的限制，因此摆放植物时首先要考虑哪些植物能够在餐厅环境里找到适合它的空间。其次，人们还要考虑自己能为植物

图 1-11　餐厅绿植摆放

付出的劳动强度有多大，如果家中其他地方已经放置了很多植物，那么餐厅摆放一盆植物即可。

（3）现在，很多房间的布局是客厅和餐厅连在一起，因此可以摆放一些植物将其分隔开，比如悬挂绿萝、吊兰及常春藤等。

（4）根据季节变化，餐厅的中央部分可以相应摆设春兰、夏洋（洋紫苏）、秋菊、冬红（一品红）等植物。

（5）餐厅植物最好以耐阴植物为主。因为餐厅一般是封闭的，通风性也不好，适宜摆放文竹、万年青、虎尾兰等植物。

（6）色泽比较明亮的绿色盆栽植物，以摆设在餐厅周围为宜。

（7）餐桌是餐厅摆放植物的重点地方，餐桌上的花草固然应以视觉美感为考虑，但也注意尽量不摆放易落叶和花粉多的花草，如羊齿类、百合等。

（8）餐厅跟厨房一样，需要保持清洁，因此，在这里摆放的植物最好也用无菌的培养土来种植，有毒的花草或能散发出有毒气体的花草则不要摆放，如郁金香、含羞草等，以免伤害身体。

6. 相对阴暗潮湿的卫生间

卫生间同样是我们不应该忽略的场所。在我国，大部分卫生间的面积都不大，而且光照情况不好，所以，应当选用那些对光照要求不甚严格的冷水花、猪笼草、小羊齿类等花草，或有较强抵抗力同时又耐阴的蕨类植物，或占用空间较小的细长形绿色植物。在摆放植物的时候应当注意下列几个方面。

（1）卫生间摆放的植物不要太多，而且最好主要摆放小型的盆栽植物。同时要注意的是，植物摆放的位置要避免被肥皂泡沫飞溅，导致植株腐烂。因此，卫生间采用吊盆式较为理想，悬吊的高度以淋浴时不会被水冲到或溅到为好。

（2）卫生间不可摆放香气过浓或有异味的花草，以生机盎然、淡雅清新的观叶植物为宜。

（3）卫生间内有窗台的，在其上面摆设一盆藤蔓植物也十分美观。

（4）卫生间湿气较重，又比较阴暗，因此要选择一些喜阴的植物，如虎尾兰。虎尾兰的叶子可以吸收空气中的水蒸气为自身保湿所用，是厕所和浴室植物的最佳选择之一。另外，蕨类和椒草类植物也都很喜欢潮湿，同样可以摆放在这里，如肾蕨、铁线蕨等。

（5）卫生间是细菌较多的地方，所以放置在卫生间的植物最好具有一定的杀菌功能。比如常春藤可以净化空气、杀灭细菌，同时又是耐阴植物，放置在卫生间非常合适，如图 1-12 所示。

图 1-12　卫生间绿植摆放

（6）卫生间里的异味最令人烦恼，而一些绿色植物又恰恰是最好的除味剂，如薄荷。将它放在马桶水箱上，既环保美观，又香气怡人。

（7）卫生间是氯气最容易产生的地方，因为自来水里都含有氯。人们如果长期吸入氯气则容易出现咳嗽、咳痰、气短、胸闷或胸痛等症状，易患上支气管炎，严重时可发生窒息或猝死。因此放置一盆能消除氯气的植物是非常有必要的，如米兰、木槿、石榴等。

三、如何针对特殊人群选择花卉

在选用花卉的时候，我们还应该考虑房间里的不同人群，依照各类人群的生理特点及身体状况来选用与之相适宜的花卉品种。

1. 处于特殊生理期的孕妇

妇女在怀孕之后，不仅应该保证自己的身体健康，还应当关注胎儿的健康，这就需要孕妇对许多事情皆多加留心。家里栽植或摆放一些花卉，尽管可以美化环境、陶冶情操，但某些花卉也会威胁人体的健康，特别是孕妇在接触某些植物后所产生的生理反应会比一般人更突出、更强烈。所以，孕妇在选用房间内摆设的花卉时必须格外留意，避免因选错了花草而影响自己和胎儿的身心健康。

（1）孕妇室内不宜摆放的花草

① 松柏类花木（含玉丁香、接骨木等）。这类花木所散发出来的香气会刺激人体的肠胃，影响人的食欲，同时也会令孕妇心情烦乱、恶心、呕吐、头昏、眼花。

② 洋绣球花、天竺葵（图1-13）等。这类花的微粒接触到孕妇的皮肤会造成皮肤过敏，进而诱发瘙痒症。

图1-13　天竺葵盆栽

③ 夜来香。它在夜间停止光合作用，排出大量废气，而孕妇新陈代谢旺盛，需要有充分的氧气供应。同时，夜来香还会在夜间散发出很多刺激嗅觉的微粒，孕妇过多吸入这种颗粒会产生心情烦闷、头昏眼花的症状。

④ 玉丁香、月季花。这类花散发出来的气味会使人气喘烦闷。如果孕妇闻到这种气味导致情绪低落，会影响胎儿的性格发育。

⑤ 紫荆花。它散发出来的花粉会引发哮喘症，也会诱发或者加重咳嗽的症状。孕妇应尽量避免接触这类花草。

⑥ 兰花、百合花。这两种花的香味过于浓烈，会令人异常兴奋，从而使人难以入眠。如果孕妇的睡眠质量难以得到保障，其情绪会波动起伏，从而使身体内环境紊乱、各种激素分泌失衡，不利于胎儿的生长发育。

⑦ 黄杜鹃。它的植株及花朵里都含有毒素，万一不慎误食，轻则造成中毒，重则导致休克，严重危及孕妇的健康。

⑧ 郁金香、含羞草。这一类植物内含有一种毒碱，如果长期接触，会导致人体毛发脱落、眉毛稀疏。在孕妇室内摆放这种花草，不但会危及孕妇自身的健康，还会对胎儿的发育造成不良影响。

⑨ 夹竹桃。这种植物会分泌出一种乳白色的有毒汁液，若孕妇长期接触会导致中毒，表现为昏昏沉沉、嗜睡、智力降低等。

（2）孕妇室内适宜摆放的花草

① 吊兰。它形姿似兰，终年常绿，使人心情愉悦。同时，吊兰还有很强的吸污能力，它可以通过叶片将房间里家用电器、塑料制品及涂料等所释放出来的一氧化碳、过氧化氮等有害气体吸收进去并输送至根部，然后再利用土壤中的微生物将其分解为无害物质，最后把它们作为养料吸收进植物体内。吊兰在新陈代谢过程中，还可以把空气中致癌的甲醛转化成糖及氨基酸等物质，同时还能将某些电器所排出的苯分解掉，并能吸收香烟中的尼古丁等。在孕妇室内摆放一盆吊兰，既可以美化环境，又可以净化空气，可谓一举两得。

② 绿萝。它能消除房间内70％的有害气体，还可以吸收装潢后残余下的气味，适合摆放在孕妇室内，如图1-14所示。

③ 常春藤。凭借其叶片上微小的气孔，常春藤可以吸收空气中的有害物质，同时将其转化成没有危害的糖分和氨基酸。另外，它还可以强效抑制香烟中的致癌物质，为孕妇提供清新的空气。

④ 白鹤芋。它可以有效除去房间里的氨气、丙酮、甲醛、苯及三氯乙烯。其较高的蒸腾速度使室内空气保持一定的湿度，可避免孕妇鼻黏膜干燥，在很大程度上降低了孕妇生病的概率。

⑤ 菊花、雏菊、万寿菊及金橘等。这类植物能有效地吸收居室内的家电、塑料制品等释放出来的有害气体，适合摆放在孕妇室内。

⑥ 虎尾兰、龟背竹、一叶兰等。这些植物吸收室内甲醛的功能都非常强，能为孕妇提供较安全的呼吸环境。

2. 处于生长发育期的幼儿

除了家里有孕妇之外，有处于生长发育期的幼儿的家庭，在栽植或摆放花卉的时候也应当格外留心。

图 1-14　功能强大的绿萝盆栽

（1）幼儿室内不宜摆放的花草

① 郁金香、丁香及夹竹桃等。这类花木含有毒素，如果长时间将其置于幼儿的房间里，其所发出的气味会使幼儿产生头晕、气喘等中毒症状。

② 夜来香、百合花等。这类有着过浓香味的花草也不适宜长时间置于幼儿室内，否则会影响幼儿的神经系统，使之出现注意力分散等症状。

③ 水仙花、杜鹃花、五色梅、一品红及马蹄莲等植物。其花或叶内的汁液含有毒素，倘若幼儿不慎触碰或误食皆会造成中毒。

④ 松柏类花木。这类植物的香气会刺激人体的肠胃，使幼儿的食欲受到影响，对幼儿的健康发育不利。

⑤ 仙人掌科植物。这类植物的刺里含有毒液，幼儿不小心被刺后易出现一些过敏性症状，如皮肤红肿、疼痛、瘙痒等。

（2）幼儿室内适宜摆放的花草

① 绿色植物。绿色植物可以让幼儿产生很好的视觉体验，使其对大自然产生浓厚的兴趣。与此同时，许多绿色植物还具有减轻或消除污染、净化空气的作用，如吊兰被公认为室内空气净化器，如果在幼儿室内摆设一盆吊兰，可及时将房间里的一氧化碳、二氧化碳、甲醛等有害气体吸收掉。

② 盆栽的赏叶植物。无花的植物不会因传播花粉和香气而损伤幼儿的呼吸道，无刺的

植物不会刺伤幼儿的皮肤，它们都比较合适摆放在幼儿室内，比如绿萝、彩叶草、常春藤等。儿童卧房盆栽摆放如图 1-15 所示。

图 1-15　儿童卧房盆栽摆放

3. 体质逐渐衰弱的老人

对于体质逐渐衰弱的老年人来说，在房间里的花卉植物除了应该具有调养身体和心性之外，还应具有预防疾病，保持身心愉悦的功用。但同时，也有一部分花卉是不适合老年人栽植或培养的，应当多加留心。

（1）老人室内不宜摆放的花草

① 夜来香。它夜间会散发出很多微粒，刺激嗅觉，长期生活在这样的环境中会使老人头昏眼花、身体不适，情况严重时还会加重患有高血压和心脏病者的病情。

② 玉丁香、月季花。这两种花卉所散发出来的气味易使老人感到胸闷气喘、心情不快。

③ 滴水观音（图 1-16）。这是一种有毒的植物，又名法国滴水莲、海芋。其汁液接触到人的皮肤会使人产生瘙痒或强烈的刺激感，若不慎进入眼睛则会造成严重的结膜炎甚至导致失明。若不小心误食其茎叶，会造成人的咽部、口腔不适，同时胃里会产生灼痛感，并出现恶心、疼痛等症状，严重时会窒息，甚至因心脏停搏而死亡。所以，老人不宜栽植和摆放这种植物。

④ 百合花、兰花。这类花具有浓烈香味，也不适宜老人栽植和摆放。

⑤ 郁金香、水仙花、石蒜、一品红、夹竹桃、黄杜鹃、光棍树、万年青、虎刺梅、五色梅、含羞草及仙人掌类。对于这些有毒的植物，老人不宜栽植和摆放。

⑥ 茉莉花、米兰。这类花香味浓烈，可用来熏制香茶。对芳香过敏的老人应当慎重选择。

（2）老人室内适宜摆放的花草

① 文竹、棕竹、蒲葵等赏叶植物。这类花恬淡、雅致，比较适合老人栽种。

② 人参。气虚体弱、有慢性病的老人可以栽种人参。人参在春、夏、秋三个季节都可观赏。春天，人参会生出柔嫩的新芽；夏天，会开满白绿色的美丽花朵；秋天，其绿色的叶子衬托着一颗颗红果，让人见了更加神清气爽、心情愉快。此外，人参的根、叶、花和种子

图 1-16　有毒的滴水观音盆栽

都能入药，具有强身健体的奇特功效。

③五色椒（图 1-17）。它色彩亮丽，观赏性强。其根、果及茎皆有药性，适合有风湿病或脾胃虚寒的老人栽种。

图 1-17　色彩艳丽的五色椒

④ 金银花、小菊花。有高血压或小便不畅的老人可以栽种金银花和小菊花。用这两种花卉的花朵填塞香枕或冲泡饮用，能起到消热化毒、降压清脑、平肝明目的作用。

⑤ 康乃馨。康乃馨所散发出来的香味能唤醒老年人对孩童时代纯朴的、快乐的记忆，具有"返老还童"的功效。

4. 体质虚弱敏感的病人

病人是格外需要我们关注的一个群体，我们应当尽力给他们营造出一个温暖、舒心、宁静、优美的生活环境。除了要使房间里的空气保持流通并有充足的光照外，还可适当摆放一些花卉，以陶冶病人的性情、提高治病的疗效，对病人的身心健康都十分有益。然而，尽管许多花卉能净化空气、益于健康，可是一些花卉如果栽种在家里，却会成为导致疾病的源头，或造成病人旧病复发甚至加重病情的后果。因此，病人在栽植或摆放花卉的时候就更需要特别留意。

（1）病人室内不宜摆放的花草

① 夜来香、兰花、百合花、丁香、五色梅、天竺葵、接骨木等。这些气味浓烈或气味特殊的花卉最好不要长期摆放在病人房间里，否则其气味易危害到病人的健康。

② 水仙花、米兰、兰花、月季、金橘等。这类花卉气味芬芳，会向空气中传播细小的粉质，不适宜送给呼吸科、五官科、皮肤科、烧伤科、妇产科及进行器官移植的病人。

③ 郁金香、一品红、黄杜鹃、夹竹桃、马蹄莲、万年青、含羞草、紫荆花、虞美人、仙人掌等。这类花草自身含有毒性汁液，不适合摆放在免疫力低下病人的房间。

④ 盆栽花。病人室内不适宜摆放盆栽花，因为花盆里的泥土中易产生真菌孢子。真菌孢子扩散到空气里后，易造成人体表面或深部的感染，还有可能进入到人的皮肤、呼吸道、外耳道、脑膜和大脑等部位，这会给原来便有病、体质欠佳的患者带来非常大的伤害，尤其是对白血病患者及器官移植者来说，其伤害性更加严重。

（2）病人室内适宜摆放的花草

① 不开花的常绿植物。过敏体质的病人和体质较差的病人以种养一些不开花的常绿植物为宜。这样可以避免因花粉传播导致病人产生过敏反应。

① 文竹、龟背竹、菊花、秋海棠（图 1-18）、蒲葵、鱼尾葵等。这类花草不含毒性，不会散发浓烈的香气，比较适宜在病人的房间里栽植或摆放。

② 有些花草不仅美观，而且还是很好的中草药，因此病人可以针对不同病症来选择栽植或摆放。比如，丁香花对牙痛具有镇静止痛的作用；薄荷、紫苏等花散发出来的香味能有效抑制病毒性感冒的复发，还能减轻头昏头痛、鼻塞流涕等症状。

四、谨防花卉也伤人

栽培花卉时应该注意，有些植物本身也会"无意"伤人，因此这些花卉植物可以栽养在庭院、阳台上，不宜搬入室内；观赏时注意尽量避免用手触摸其枝叶、花朵，尤其要注意孩子不要嚼食这些花卉植物的枝叶、花朵、果实。

利用花卉植物净化室内环境时，需要注意以下几个方面。

1. 忌香味过浓

一些花草的香味过于浓烈，会让人难受甚至产生不良反应，不宜摆放在房间里。

图 1-18　秋海棠盆栽

2. 忌产生过敏

一些花卉会使人产生过敏反应。例如月季、玉丁香、五色梅（图 1-19）、洋绣球、天竺葵、紫荆花等，人碰触抚摸它们，往往会引起皮肤过敏，甚至出现红疹，奇痒难忍。

图 1-19　易使人过敏的五色梅盆栽

3. 忌接触中毒

有些观赏花草有毒性，如虞美人（图1-20），忌过于密切接触，或沾、碰从它们的茎、叶、花里沁出的有毒汁液。

图1-20　有毒的虞美人盆栽

4. 忌被伤害

例如仙人掌类的植物有尖刺，儿童房间内尽量不要摆放。此外，为了安全，儿童房里的植物不要过于高大，不要选择稳定性差的花盆架，以免使儿童受伤。

5. 忌浓香、忌过敏、忌毒汁、忌棱刺

并不是所有的植物都对人体有益，选择室内花卉植物时要格外注意，以免损害人的身体健康。有些有毒植物应当谨慎摆放。例如，马蹄莲（图1-21）的花有毒，含有大量的草酸钙结晶和生物碱等，误食后会引起昏迷等中毒症状。

因此，选择有浓香、具致敏性、具毒汁、具棱刺的植物种类用于装饰室内环境时，首先应认识、了解和掌握植物的特性，然后慎重选择并采取合理的防御措施。具体方法如下。

（1）根据室内污染物种类选择植物种类，注意摆放位置。

（2）平时有意识地避免皮肤接触，更没有必要将枝叶含在口中或将浆汁吸入。

（3）对具有浓香的植物，不要零距离接触。特别是有小孩的家庭更应如此，以免带来伤害。要养成经常打开窗门、勤洗手的良好习惯。

（4）当不慎皮肤接触而有痒痛感觉或比较严重时，可用稀盐水或肥皂水冲洗；对误食而中毒的，应尽快送医院急救。

图 1-21　有毒的马蹄莲盆栽

第二章

巧选花卉植物监测居住环境

很多的绿色植物不仅能净化空气还能监测空气。因为植物叶子上有成千上万的纤毛，能截留住空气中的飘尘微粒；植物叶面的无数气孔吸收空气中对人体有害的气体并进行转化，释放出新鲜空气，从而利于我们的身心健康。

第一节　用花卉来"预警"室内污染

如果将敏感植物放置室内，当室内空气中的污染物达到一定的浓度时，叶子就会发生变化。我们就可以利用敏感植物的变化，监测室内空气中的污染物，既方便，又经济。倘若房间内有"毒"，它们便可马上"报警"，让人尽快发现。

一、让花卉为居室空气"把脉"

居室空气污染危及人们的身体健康。一般人们很难直接感受出居室空气的低浓度污染，甚至利用仪器测定也比较困难。而有些植物对居室空气污染的反应要比人类灵敏得多。因此，可以根据这些植物对有毒有害气体特别敏感并表现出来的一些受害症状，来监测有毒有害气体的存在和浓度，这的确是一种既可靠又经济的方法。

植物为了自身需要从外界环境吸收必要的水分和矿物质，与外界进行大量的气体交换，吸收空气中二氧化碳放出氧气和蒸腾水分。植物的叶片是进行光合作用和蒸腾作用的主要器官，对改善空气质量具有重要作用。

植物叶片是监测室内空气污染物的信号灯，根据叶片的受害症状，估计该房间空气的污染状况。若植物叶子首先出现在尖端和边缘，受害部位是棕黄色，呈带状或环带状，逐渐向中间扩展，严重时出现枯斑病，则是氟化物对叶子的损害；植物叶片斑多出现在叶脉间，呈点状或块状则表明室内的二氧化硫过多；氯气毒害症状主要表现在叶尖、边缘或叶脉间出现不规则的黄白色或浅褐色坏死斑点等。生病的植物盆栽如图 2-1 所示。

根据不同花卉植物受到不同有害气体侵害后的反应和污染的累积情况，就可发现有何种污染物存在，甚至还能估测出污染物的数量和污染范围。

花卉植物监测室内空气污染，一般分为长期累积浓度监测和短期浓度监测两种。

1. 长期累积浓度的监测

这种监测的时间较长，一般需 24 小时以上，甚至连续几天，可获得一天甚至几天室内空气污染物浓度的变化情况。一般在预先已知室内空气污染物浓度较低的情况下可使用这种方法。在监测过程中，应每隔 4 小时或 3 小时，对照监测图谱上相应花卉受有关有害气体侵

图 2-1　生病的植物盆栽

扰后的症状，进行记录，并估计污染的浓度水平。

2. 短期浓度监测

厨房燃煤、燃气、香烟烟雾、室内装饰如油漆、壁纸、化学用品等的污染会出现瞬时高浓度，从而发生急性中毒事故，常常需要进行短期监测。如家庭室内燃煤时，需要在生火、旺火或烟火时进行短期监测。又如在装饰过程中，在给地板刷涂油漆，往墙上贴壁纸时，进行短期监测。对这种情况，应事先根据监测目的和对象选择并准备好盆栽花卉植物和设置监测点的位置，届时边操作边监测，同时对照监测图谱，记录花卉植物受有害气体侵扰后显示出来的症状，并估算有害气体污染物的浓度水平。

二、常见室内污染气体"监测员"

由于植物会对污染物质产生显性反应，而有些植物对某种污染物质的反应又较为灵敏，可出现特殊的改变，因此，人们便通过植物的这一灵敏性来对环境中某些污染物质的存在及浓度进行监视检测。你只需在你的房间内栽植或摆放这类花草，它们便可协助你对居室环境空气中的众多成分进行监测。

常见室内污染气体及其检测植物如下。

1. 监测二氧化碳的植物

二氧化碳是一种主要来自于化石燃料燃烧的温室气体，是对大气危害最大的污染物质之一。下列花草对二氧化碳的反应都比较灵敏：牵牛花、美人蕉、紫菀、秋海棠、矢车菊、彩叶草、非洲菊、万寿菊、三色堇及百日草（图 2-2）等。在二氧化碳超出标准的环境中，上述花草便表现为叶片呈现出暗绿色水渍状斑点，干后变为灰白色，叶脉间出现形状不一的斑点，绿色褪去，变为黄色。

图 2-2　能监测二氧化碳的百日草盆栽

2. 监测含氮化合物的植物

除了二氧化碳之外，含氮化合物也是空气中的一种主要污染物。它包含两类，一类是氮的氧化物，比如二氧化氮、一氧化氮等；另一类则是过氧化酰基硝酸酯。

矮牵牛、荷兰鸢尾、杜鹃、扶桑等花草对二氧化氮的反应都比较灵敏。在二氧化氮超出标准的环境中，上述花草就会出现相应症状，表现为中部叶片的叶脉间呈现出白色或褐色的形状不一的斑点，且叶片会提前凋落。

3. 监测臭氧的植物

大气里的另外一种主要污染物是臭氧。下列花草对臭氧的反应都比较灵敏：矮牵牛、秋海棠、香石竹、小苍兰、藿香蓟（图 2-3）、菊花、万寿菊、三色堇及紫菀等。在臭氧超出标准的环境中，上述花草就会出现以下症状：叶片表面呈蜡状，有坏死的斑点，干后变成白色或褐色，叶片出现红、紫、黑、褐等颜色变化，并提前凋落。

图 2-3　能监测臭氧的藿香蓟盆栽

4. 监测过氧化酰基硝酸酯的植物

凤仙草、矮牵牛、香石竹、蔷薇、报春花、小苍兰、大丽花、一品红及金鱼草等对过氧化酰基硝酸酯的反应都比较灵敏。在过氧化酰基硝酸酯超出标准的环境中，上述花草便会出现相应症状，表现为幼叶背面呈现古铜色，叶生长得不正常，朝下方弯曲，上部叶片的尖端干枯而死，枯死的地方为白色或黄褐色，用显微镜仔细察看时，能看见接近气室的叶肉细胞中的原生质已经皱缩了。

5. 监测氨气的植物

当室内的木芙蓉、悬铃木、杨树、桂花、女贞、杜仲、山梅花、紫藤、木槿等植物受到氨气的危害时，叶脉间有点状、块状褐黑色斑块，斑块四周界限分明。而矮牵牛（图 2-4）、向日葵等植物在氨气浓度为 17×10^{-6} 的环境中，经 4 小时后叶片会变成白色，叶缘部分会出现黑斑及紫色条纹，并提早落叶。

三、能检测"毒气"的花卉

下面，我们根据居室常见有毒气体来介绍相应的检测植物。

1. 监测二氧化硫的植物

（1）用牵牛花、紫椴、栀子花、小叶榕等监测二氧化硫　在室内二氧化硫的伤害下，一些植物叶面的叶脉间会出现斑点，或不规则的坏死斑，并逐渐扩大发展，直至全叶片枯死。

（2）用紫花苜蓿监测二氧化硫　当室内空气中二氧化硫的浓度达到一定浓度时，紫花苜蓿的叶片从边缘开始枯死，叶脉间也会出现点状或块状的伤斑。

（3）用天竺葵监测二氧化硫　当室内空气中的天竺葵受到二氧化硫危害时，其嫩叶四周的叶缘会失水坏死。

（4）用菊花监测二氧化硫　当室内空气中的菊花叶片受到伤害时，常在叶片的深裂处失

图 2-4　能监测氨气的矮牵牛盆栽

水枯死。

　　（5）用鸢尾监测二氧化硫　当室内鸢尾（图 2-5）的叶片受到二氧化硫伤害时，常在叶片的先端失水枯死，而逐渐向后方发展，直至全部枯死。

图 2-5　能监测二氧化硫的鸢尾盆栽

　　（6）用牵牛花监测二氧化硫　当室内牵牛花叶片受二氧化硫伤害严重时，叶片坏死区呈灰色，其边缘镶嵌黄色条纹。

（7）用玉米、小麦等监测二氧化硫　当室内的玉米、小麦的叶片受到二氧化硫伤害严重时，叶片的先端往往先受害，叶片中的平行叶脉间常呈条状枯死。

（8）用美人蕉监测二氧化硫　当室内美人蕉的叶片受到二氧化硫伤害严重时，叶片逐渐由绿色变为白色，往往先端先受害，叶片中的平行叶脉间常呈条状枯死。

（9）用牡丹花监测二氧化硫　当室内的牡丹花受到二氧化硫危害时，其叶片表现色泽不一。

2. 监测硫化氢的植物

通常情况下，人们都会用虞美人监测硫化氢。因为当室内的虞美人受到硫化氢的侵袭时，叶子便会发焦或有斑点。人们可以根据虞美人的这一情况判断室内硫化氢的含量。

3. 监测氯气的植物

能监测氯气的花草有秋海棠、百日草、郁金香、蔷薇及枫叶等。在氯气超出标准的环境中，这些花草就会产生同二氧化氮和过氧化酰基硝酸酯中毒相似的症状，即叶脉间呈现白色或黄褐色斑点，叶片迅速凋落。

（1）用海桐、丁香、楸树监测氯气　当室内的海桐、丁香、楸树受到氯气危害时，其叶中的叶绿素因受到破坏，会形成不规则的、褪色的黄色伤斑，直至发展到全叶呈现白色而脱落。

（2）用绣球花（图2-6）、樟叶槭、华南朴、梧桐监测氯气　当室内的绣球花、樟叶槭、华南朴、梧桐受到氯气危害时，其叶的先端或叶缘就呈现病症。

图 2-6　能监测氯气的绣球花盆栽

（3）用结缕草、马兰监测氯气　当室内的结缕草、马兰受到氯气危害时，其叶的先端或叶缘呈现白色病症，并逐渐向全叶蔓延，最后叶片呈现白色、干枯而脱落。

（4）用女贞、杜仲监测氯气　当室内的女贞、杜仲受到氯气危害时，其叶片呈现灰褐色伤斑。

（5）用广玉兰监测氯气　当室内的广玉兰受到氯气危害时，其叶片呈现红棕色伤斑。

（6）用美人蕉、桃花监测氯气　当室内的美人蕉、桃花受到氯气危害时，其叶子会失去绿色，而呈现白色，并导致花果脱落。

（7）用百日草、蔷薇、郁金香、秋海棠监测氯气　当室内的百日草、蔷薇、郁金香、秋海棠等受到氯气危害时，其叶脉间会出现白色或黄褐色斑点，并很快落叶。

4. 监测氟化氢的植物

美人蕉、唐菖蒲、郁金香、风信子、仙客来、萱草、鸢尾、杜鹃及枫叶等花草对氟化氢的反应最为灵敏。当氟化氢的浓度超出标准，上述花草的叶尖会变焦，然后叶边缘会慢慢枯死，叶片掉落。

四、能监测重金属的植物花卉

对某些重金属矿物质起监测作用的植物，能在有高浓度重金属污染的土地里生长良好，并在植物体残留重金属。通过植物生长情况和植物体内重金属含量的多少，就可以监测某些重金属矿物质。

1. 石竹、海洲香薷、葡萄蔓等能监测铜

石竹（图 2-7）是铜矿的指示植物，在澳洲和挪威有石竹专门生长在含铜极高的土壤上。海洲香薷根部的干物质里，含有 3％的铜，当地的群众把这种植物称为"铜草"，根据它的分布，往往可以找到很好的铜矿。当葡萄园的地上爬满葡萄蔓地衣时，也会知道这里有铜。

图 2-7　能监测铜的石竹盆栽

灰毛紫穗槐是铅矿的指示植物，它专门生长在含铅极高的土壤上。

2. 堇菜、海石竹等能监测锌

堇菜、海石竹专门生长在锌矿的废堆上，因此被人称为"锌草"。在德国和瑞典，人们发现堇菜和海石竹会偏偏喜欢生长在其他植物感到有毒、生长不好的含锌土壤中。于是堇菜、海石竹就成了人们最早用来探矿的"绿色指示器",早在罗马帝国时期,开矿者就通过寻找"锌草"来发现锌矿。

如果在果园或菜园里发现了长势很好的"锌草",则应该引起注意,说明这里施肥用的污泥或灌溉用的水里重金属含量较多,因此水果和蔬菜也会吸收相应的重金属而不能食用。

3. 紫云英能监测硒元素

硒是一种很稀散的矿物元素,开采起来很费力,人们就在矿地里种上能大量吸收硒元素的植物紫云英,等到紫云英长成收获以后,便可以从中提取硒。

4. 海带能监测碘

从海带中可提炼出碘,所以海带是碘的指示植物。

5. 紫苜蓿能监测钽

从紫苜蓿中可以提炼出稀有金属钽,所以紫苜蓿是钽的指示植物。

6. 苔藓能监测重金属

苔藓(图2-8)植物对重金属具有敏感性,它是良好的重金属监测指示植物。苔藓不仅可以监测大气污染、土壤污染,还可用于监测水体污染。从苔藓植物体内重金属的累积量多少,还可以准确地反映出污染的浓度。

图 2-8　能监测重金属的苔藓盆栽

总之,在室内由于各种污染物的浓度及种类的不同,敏感植物的伤害反应是不同的,室内污染物往往又是综合的,其危害有时会严重,有时可能减弱。受害的程度与叶子的年龄有关,嫩叶受害较重,老叶较轻,嫩叶表现在先端,老叶可能伤在中部。此外,室内的敏感植物对于室内环境的光线、温度、湿度等也有密切的关系,白天温度和湿度条件好,适宜敏感植物生长,叶子的气孔打开,污染物就容易进入植物体内,因此伤害表现就严重;夜间就较轻。

五、如何选择监测的植物花卉

我们知道,不是任何花卉植物都能作为监测用的指示植物,最好应按下述要求来选择花卉植物。

大自然中，花卉植物的种类繁多，不同植物甚至同一种植物的不同品种对各类有毒有害气体的反应都不一样，就是同一种花卉植物对不同有毒有害气体的反应也不一样。如唐菖蒲雪青色花品种被氟化氢熏 40 天，会有 60% 的叶片尖出现 $1\sim1.5cm$ 长的伤斑，吸氟量比对照组增加 5.25×10^{-6}；而粉红色花品种则大部分叶片受伤，叶尖出现 $5\sim15cm$ 长的伤斑；吸氟量增加 118.00×10^{-6}。唐菖蒲（图 2-9）对氟化物无疑非常敏感，但对二氧化硫则有较强的抵抗性，可是紫花苜蓿刚好相反。为此，选择监测的花卉植物一定要根据监测对象，挑选相应敏感的花卉植物。

图 2-9　唐菖蒲

1. 必须是健壮的植株

只有健壮的花卉植物体出现的伤害症状或生长受阻才能令人信服。如果植物体本身就生长不良，叶片上有病斑或有虫害痕迹，就很难说清空气污染的影响效果。为此，要求选择做监测用的花卉植物体一定要发育正常、健壮、叶片上无斑痕，植株间较为均匀一致。

2. 为常见品种，且容易栽培管理

作为监测用的花卉植物，一定要保证有足够的种子或繁殖体来源，并在正常栽培条件下容易种植和管理；要生长季节较长，不断发出新叶，保证有较长供监测的使用期。如选用自然生长的植物来做活的聚集器，更要用常见植物，否则满足不了室内大面积多房间监测布点的需要。

3. 尽量选择除监测功能外还兼有其他功能的植物

在品种繁多的植物中，有的有经济价值、绿化价值，还有的有观赏价值等。因此国内常选唐菖蒲、玉簪来监测氟化物，也可选郁金香、葡萄、大蒜作为氟化物的监测植物；选秋海棠、紫花苜蓿和芝麻来监测二氧化硫；选贴梗海棠、牡丹来监测臭氧；选兰花、玫瑰来监测乙烯；选千日红、大波斯菊来监测氯气等。既可观赏，又能预警，真是一举两得。

六、花卉监测的注意事项

在日常生活中，我们使用植物来检测室内环境应该注意以下事项。

（1）根据《室内空气质量标准》中化学性污染物的种类和居室装修装饰情况，大概了解一下污染源的布局及其释放有害气体的可能种类及浓度。

（2）根据初步了解有害气体污染源可能释放有害气体种类和要求标准，选择相关供监测用的花卉植物种类。对同一种有害气体至少选择两种敏感性强的花卉植物，切忌单一品种。

（3）在房间内布置花卉植物时，要根据污染源的分布情况，不要形成监测死角，特别要注意有害气体释放扩散的路径上不要有大的家具或家电的阻挡。

（4）在监测过程中，最好不要开窗户，即使开窗通风，时间也不宜过长，开窗后室内的风不宜大，以防由此形成监测死角，如图 2-10 所示。

图 2-10　植物监测室内环境

（5）在监测过程中，最好每隔半小时观察一下植物叶片受伤害情况，并作详细的记载，有条件的话，应对植物叶片受害症状用数码相机拍照记录，以便观察比较。

（6）当根据植物叶片受害症状及现场观察尚不能完全判断受害原因时，就应借助于植物叶片污染物质的分析化验。

因为植物叶片具有吸收有害气体的能力，植物受有害气体伤害后，叶片中的污染物质含量便会明显增高；受到二氧化硫危害后，叶片中含硫量增高；受到氟化氢或氯气危害后，叶片中氟或氯的含量便会明显增高。通过分析化验，可以进一步确定有害气体的种类及其伤害程度。

第二节　出色的室内空气"质检员"

无论是人还是动物，对室内空气的感应或检测总是存在一定的滞后性，通常而言，一旦人被室内污浊的空气伤害，就会无法避免地出现这样或那样的问题。而此时，盆栽植物才是最好的室内空气"质检员"，由它们检测空气质量，我们才能防患于未然。

一、虞美人：测"毒"高手

虞美人（图 2-11），别名娱美人、赛牡丹、锦被花、蝴蝶满园春、丽春花等。花未开时，蛋圆形的花蕾外面包着两片绿色镶有白边的萼片，独生于细长直立的花梗上。花瓣四片，花色奇特。

图 2-11　虞美人

【监测功能】

虞美人对有毒气体硫化氢的反应极其敏感，当空气中有硫化氢气体时，叶子会发焦或有斑点，花蕾上也有反应，故作监测指示植物十分理想。

【栽培指南】

（1）光照　虞美人喜欢充足的光照，一般将其摆放在光线良好的室内。但刚刚移栽的虞美人需遮阴，待其成活之后才可稍见阳光，以后再逐渐延长光照时间。

（2）温度　虞美人畏酷暑，可耐寒冷，喜欢温暖的环境，生长温度以 15～28℃为宜。冬季是虞美人的休眠期，可稍耐低温。

（3）浇水　盆栽虞美人平时浇水不宜过多，通常每隔 3～5 天浇一次水；立春前后是虞美人的生长期，应适当增加浇水的次数，保持土壤湿润，但应避免水涝；冬天是虞美人的休眠期，浇水不宜过多过勤，以土壤不过分干燥为宜。

（4）施肥　虞美人喜欢肥沃的土壤，在生长期内每 2～3 周施用一次 5 倍水的腐熟尿液，在开花之前宜再追施一次肥料，以保证花朵硕大、鲜艳。

（5）繁殖　一般来说，虞美人适合采用播种法繁殖，春秋两季都可播种。

（6）病虫害防治　在栽植过密、通风不良、土壤过湿、氮肥过多的情况下，虞美人容易受到霜霉病的侵害，这种病可导致幼苗枯死，成株则表现为叶片上产生色斑和霜霉层、花茎扭曲、不开花。发病初期应及时剪除病叶，并喷50％代森锰锌可湿性粉剂600倍液，或200％瑞毒素可湿性粉剂4000倍液，或50％代森铵可湿性粉剂1000倍液杀毒。

（7）摘心　虞美人幼苗长出6～7片叶时，开始摘心，以促进幼苗分枝。对于不打算留种的虞美人，在其开花期间应及时剪掉未落尽的残花，以利于聚集营养，使之后开放的花朵更大、更鲜艳，进而延长花期。

（8）摆放位置　虞美人姿态优美、花朵鲜艳，家庭种植的盆栽虞美人适合摆放在阳台、窗台、客厅等光线充足、通风的地方。也可以制成瓶插摆放在书房、客厅、餐厅。

二、美人蕉：监测氯气污染

美人蕉（图2-12），别名虎头蕉、破血红、红艳蕉、兰蕉等。美人蕉同属植物50多种，常用的品种有食用美人蕉、粉叶美人蕉、柔瓣美人蕉等。美人蕉喜高温炎热，好阳光充足，在肥沃而富含有机质的深厚土壤中生长健壮，美人蕉怕强风，不耐寒。

图2-12　美人蕉

【监测功能】

美人蕉能清除和监测二氧化硫、氯气等有害气体带来的伤害和警示，当发现其叶子失绿变白、花果脱落时，特别要当心氯气的污染。

【栽培指南】

（1）光照　生长期要求光照充足，保证每天要接受至少5个小时的直射阳光。环境太阴暗、光照不足，会使开花期向后延迟。

（2）温度　美人蕉喜欢较高的温度，生长适温是15～28℃，如果温度在10℃以下则对其生长不利。

（3）浇水　美人蕉可以忍受短时间的积水，然而怕水分太多，若水分太多易导致根茎腐坏；美人蕉刚刚栽种时要勤浇水，每天浇一次，但水量不宜过多；干旱时，应多向枝叶喷水，以增加湿度。

（4）施肥　栽植前应在土壤中施入充足的底肥，生长期内应经常对植株追施肥料。当植株长出 3～4 枚叶片后，应每隔 10 天追施液肥一次，直到开花。

（5）病虫害防治　美人蕉的病虫害很少，但较易患卷叶虫害和黑斑病。每年的 5～8 月是美人蕉卷叶虫害的高发期，染上会伤其嫩叶和花序。防治时，可喷洒 50％敌敌畏 800 倍液或 50％杀螟松乳油 1000 倍液；当美人蕉患上黑斑病时，叶片会生有大枯斑。因此，在发病初期应剪除病叶并烧毁，同时喷洒 75％百菌清可湿性粉剂，每周一次，连续喷洒 2～3 次即可。

（6）繁殖　美人蕉可采用播种法或分株法进行繁殖。

（7）修剪　开花之后要尽早把未落尽的花剪除，以降低营养的耗费，促进植株继续萌生新花枝；北方各地霜降后，美人蕉如果遭受霜冻，露出地上的部分会全部枯黄，此时应将地上枯黄的部分剪掉，挖出根茎，稍稍晾晒后放在屋内用沙土埋藏，第二年春天再重新栽植。

（8）摆放位置　美人蕉可以直接栽种在庭院里欣赏，也可以用木桶或大型花盆栽种，摆放在客厅、阳台、天台、走廊等处。

三、杜鹃：监测氨气污染

杜鹃花（图 2-13）又名映山红、山鹃等。杜鹃花是中国十大名花之一。在观赏花卉之中，杜鹃称得上是花美、叶美，土培、盆栽皆宜，是用途最为广泛的观赏花卉。杜鹃花有许多分类。绝大多数品种植株低矮，形态自然；少数品种高大雄伟，枝叶婆娑。低矮品种分枝多，枝条细而密，幼枝有毛，棕色或褐色。花单生或呈总状花序，花冠钟状、管状或阔漏斗状，通常为五裂。花色繁多，因品种而异。蒴果成熟时呈暗褐色，种子暗黄细小。依花期不同主要又可分为春鹃、夏鹃、春夏鹃、西洋杜鹃四大类。

图 2-13　杜鹃花

【监测功能】

杜鹃对臭氧和二氧化硫等有害气体有很强的抗性，同时也能吸收这些有害毒气，起到净化空气的作用。它对氨气也十分敏感，可作其监测植物。

【栽培指南】

（1）光照　杜鹃为长日照花卉，即使在盛夏，也不宜放在过阴处，而要放在通风透气处和比较凉爽的地方，即室外庇荫处。9月底10月初阳光强度减弱，天气凉爽，应逐步缩短蔽荫时间，以放在屋前东南向的阳台为宜。

（2）温度　4月中、下旬搬出温室，先置于背风向阳处，夏季进行遮阴，或放在树下疏荫处，避免强阳光直射。生长适宜温度15～25℃，最高温度32℃。10月中旬开始搬入室内，冬季置于阳光充足处，室温保持5～10℃，最低温度不能低于5℃，否则停止生长。

（3）浇水　夏季要多浇水，勤浇水，因夏天气温高，日照强烈，水分蒸发快。早晨水要浇足，晚上浇水，视情况而定，叶子上要喷水，保持叶面清洁和环境的湿润。

（4）施肥　在每年的冬末春初，最好能对杜鹃园施一些有机肥料做基肥。4～5月份杜鹃开花后，由于植株在花期中消耗掉大量养分，随着叶芽萌发，新梢抽长，可每隔15天左右追一次肥。入伏后，枝梢大多已停止生长，此时正值高温季节，生理活动减弱，可以不再追肥。秋后，气候渐趋凉爽，且时秋雨绵绵，温湿度宜于杜鹃生长，此时可做最后一次追肥，入冬后一般不宜施肥。

（5）病虫害防治　杜鹃常见的虫害有：红蜘蛛、军配虫、蚜虫、短须蜗等。红蜘蛛体形微小，但对杜鹃危害严重。高层楼房栽培杜鹃最容易出现此类虫害。防治方法是进行人工捕杀。药物杀虫可用5℃的石硫合剂喷杀，也可用胡桃叶、夹竹桃叶、青蒿各等份揉碎浸泡出液汁，加水稀释后，用1000倍的敌敌畏液喷洒杀灭也是好办法。

（6）修剪　修剪整枝是日常维护管理工作中的一项重要措施，它能调节生长发育，从而使长势旺盛。日常修剪需剪掉少数病枝、纤弱老枝，结合树冠形态删除一些过密枝条，增加通风透光，有利于植株生长。

（7）摘心　蕾期应及时摘蕾，使养分集中供应，从而使之花大色艳。

（8）摆放位置　盆栽不能放在地上，宜放在花架或倒置的空花盆上，上面挂有遮阴的网或帘子，而且要保持通风。

四、桃花：监测硫化物、氯气污染

桃花（图2-14）在我国已有3000多年的栽培历史，尤其是在江南地区，阳春三月风和日丽之时，桃花盛开，十分漂亮，人们往往用"桃红柳绿"来描绘春天景色的无比秀丽。

桃花树冠张开，叶披针形，花侧生，多单朵，先于叶开放，通常粉红色单瓣。花期在早春，江南多数在清明时节开花，因品种不同有粉红、深红、绯红、纯白、水绿等色。桃花主要有食用桃和观赏桃两大类。食用桃花色粉红，成片开放如火如荼，也可观赏，品种有蟠桃、黄肉桃、油桃、黏核桃等。观赏桃花色彩丰富，优良品种有碧桃，花粉红色，重瓣；白花碧桃，花白色，重瓣；红花碧桃也叫绛桃，花深红色，重瓣。另外还有寿星桃、垂枝桃等。

【监测功能】

桃花对硫化物、氯气十分敏感，一有污染，它的叶片会出现大片斑点，并逐渐死亡，因此是监测硫化物、氯气排放的良好指示植物。

图 2-14　桃花

【栽培指南】

（1）光照　喜阳光，较耐寒，怕水涝，需种植在排水良好的沙质土壤及阳光、通风良好的空旷环境中。生长期如光照不足，枝条长得细弱，节间会变长。花期如光照不足，则花色暗淡。

（2）温度　桃花盆景适应区域广阔，但冬天温度若在 $-25 \sim -23$℃，则会发生冻害。

（3）浇水　雨季要注意排水，并需注意控制树冠内部枝条，以利透光。

（4）施肥　开花前后应以施氮肥为主，配合磷钾肥，花芽开始分化及果实膨长期以追施磷钾肥为主。

（5）病虫害防治　土壤中缺铁会出现黄叶病，尤其在排水不良的土壤中则会更严重。

（6）摘心　盆栽桃树，当年新梢长至 20cm 时应摘心。

（7）修剪　夏季要对枝条进行摘心，冬季对长枝作适当剪修，以促使多生花枝，并保持树冠整齐。

（8）摆放位置　桃花可地栽于庭院、绿化小区、公园，是良好的春天观赏花。盆栽可作盆景，放置在阳光充足的晒台、阳台、屋顶花园上作监测指示植物。

五、秋海棠：监测氮氧化合物污染

秋海棠（图 2-15）也叫"八月春"或"相思草"。我国是秋海棠的故乡，常见的观赏品种有四季秋海棠、竹节秋海棠、蟆叶秋海棠、银星秋海棠。

【监测功能】

秋海棠可清除空气中的氟化氢等有害物质，同时它还对氮氧化合物也十分敏感，可作监

图 2-15　秋海棠

测指示植物，一旦空气中有这些有害气体，叶片会有斑点甚至枯萎。

【栽培指南】

（1）光照　秋海棠怕酷暑，所以夏季应将秋海棠置于半荫蔽处养护。

（2）温度　秋海棠喜欢温暖的环境，15～25℃的环境最利于它生长。此外，秋海棠不耐寒冷，冬季环境温度不能低于10℃。

（3）浇水　秋海棠喜欢潮湿润泽的环境，但忌积水。给秋海棠浇水应遵循"不干不浇，干则浇透"的原则。春秋两季是秋海棠的生长开花期，需要的水分相对较多，这时的盆土应稍微湿润一些，可每天浇一次水。夏季是秋海棠的半休眠期，可适当减少浇水次数，浇水时间应选择在早晨或傍晚。冬季是秋海棠的休眠期，应保持盆土稍微干燥，可3～5天浇一次水，浇水时间最好选在中午前后阳光充足时。

（4）施肥　肥料的比例以3：1：2或2：1：2为好，再补充微量元素即可。记住，肥料浓度不可过高，否则积累在根系周围很容易烧根。

（5）病虫害防治　如栽培管理不当，秋海棠在高温、高湿的季节容易感染叶斑病。这种病害可导致植株萎蔫、叶片大量掉落。一旦发现叶片上有病斑，应立即剪掉病叶，并加强室内通风、降低环境湿度。

（6）繁殖　秋海棠可以采用播种法或扦插法进行繁殖。

（7）摘心　为防止植株长得过高，在苗期需进行1～20次摘心，促使植株分枝。在生长期内应及时剪掉纤弱枝和杂乱枝。

（8）摆放位置　家庭种植秋海棠适合盆栽，小型盆栽可摆放在餐厅、客厅、书房的桌案、茶几、花架上欣赏，大型盆栽可用于装饰阳台、客厅。

六、梅花：监测醛、氟、苯污染

　　梅花（图 2-16）是我国特产的名花，名列十大名花之首。梅枝干苍劲挺拔，花芽易于分化，有"清客"、"二月花神"美称。

图 2-16　梅花

【监测功能】

　　梅花对甲醛、氟化氢、苯、二氧化硫有监测作用，在它受毒气侵害后，叶片即受伤，出现斑纹，是一种较好的监测植物。

【栽培指南】

　　（1）光照　梅花喜欢有充足光照、通风性好的生长环境，不适宜长时间遮阴。

　　（2）温度　梅花在环境温度为 5～100℃时就可开花，虽然耐寒，在－150℃的条件下也可短暂生长，但不宜长时间放置阴冷处。

　　（3）浇水　生长期应注意浇水，经常保持盆土湿润偏干状态，既不能积水，也不能过湿过干，浇水掌握"见干见湿"的原则。一般天阴、温度低时少浇水，否则多浇水。夏季每天可浇 2 次，春秋季每天浇 1 次，冬季则干透浇透。

　　（4）施肥　梅花要在冬天施用一次磷、钾肥，在春天开花之后和初秋分别追施一次稀薄的液肥即可。每一次施完肥后都要立即浇水和翻松盆土，以使盆内的土壤保持松散。

（5）病虫害防治　梅花易受蚜虫、红蜘蛛、卷叶蛾等害虫的侵扰，在防治时应喷洒50％辛硫磷乳油或50％杀螟松乳油，不能使用乐果、敌敌畏等农药，以免发生药害。

（6）繁殖　梅花经常采用嫁接法进行繁殖，也可采用扦插法，通常于早春或深秋进行。另外，还能用压条法进行繁殖，这样比较容易成活。

（7）修剪　在栽植的第一年，当幼株有25～30cm高的时候要将顶端截掉。花芽萌发后，只保留顶端的3～5个枝条作主枝。次年花朵凋谢后要尽快把稠密枝、重叠枝剪去。等到保留下来的枝条有25cm长的时候再进行摘心。第三年之后，为使梅花株形美观，每年花朵凋谢后或叶片凋落后，皆要进行一次整枝修剪。

（8）摆放位置　梅花适合摆放在宽敞的客厅、门厅、书房，也可以单枝插瓶摆放在案几、书架、窗台上，但不宜摆放在卧室内。

七、牵牛花：监测光烟雾污染

牵牛花（图2-17）是一年生的观赏草本植物，可以到处生长、开花，花朵清雅，能以逆时针方向旋转而上，而且开花时色彩会变。宋代杨万里有诗"素罗笠顶碧罗檐，晓御蓝棠着茜衫"，对牵牛花的变色作了极其生动的描绘。牵牛花原产于热带、亚热带，我国中部、西南地区均有种植。

图2-17　牵牛花

牵牛花对空气中的光烟雾污染如二氧化硫有较强的监测作用。其叶片受二氧化硫的伤害即会产生斑点或枯萎。可作监测指示植物。

【栽培指南】

（1）光照　牵牛花性强健，喜温暖向阳环境。

（2）温度　发芽适温20～25℃；播种期：春、夏；生长适温：22～34℃；开花期：夏、秋。

（3）浇水　种牵牛花浇水要充足，但不能积水。

（4）施肥　种栽牵牛花在施肥上一般不太讲究。

（5）病虫害防治　牵牛花发病部位主要是叶、叶柄及嫩茎，受害叶片初期在叶上有浅绿色小斑。后逐渐变成淡黄色，边缘不明显。可用及时拔除病株并销毁的办法防治，也可在发病初期喷1%波尔多液或50%疫霉净500倍液，每隔10～15天喷雾1次有较好的防治效果。

（6）繁殖　牵牛花以播种为主，4月播种先进行浸种1天，2枚叶子可以定植。

（7）摘心　牵牛花生长快，仅数月就会形成茵绿的轻纱，多摘心会使分枝发达，开花更为密集。

（8）摆放位置　牵牛花是垂直绿化的良好植物材料，盆栽、地栽都可以，阳台、晒台、屋顶盆栽种植，可点缀花景，还可以遮烈日。

八、牡丹：监测烟、雾污染

牡丹（图2-18）花大色艳，富丽堂皇，是中国的名贵花卉，享有"花王"美誉。唐诗曰："国色朝酣酒，天香夜袭衣"，于是"国色天香"成为牡丹的美称。

图2-18　牡丹

【监测功能】

牡丹对大气中的光、烟、雾污染如二氧化硫等十分敏感，一旦有这些污染，根据污染程度的轻重，能在其叶片上出现几种色泽不一的斑点，起监测污染程度的指示作用。

【栽培指南】

（1）光照　牡丹喜欢光照充足的环境。

（2）温度　牡丹喜欢冷凉的环境，怕较高的温度，畏酷热，具有一定的耐寒能力。适宜温度为16～20℃，低于16℃不开花。

（3）浇水　牡丹无法忍受土壤过湿，怕水涝，具有一些抗旱性。因此要视盆土干湿情况浇水，要做到不干不浇，干透浇透，水勤、水多则烂根；栽植后浇透水，之后等盆土干燥时再浇一次少量的水，直到开花，然后令盆土保持略湿就可以。

（4）施肥　牡丹的生长需要较多肥料，且喜欢高效优良的肥料，新栽培的植株半年内不必施肥，半年后再施用即可。

（5）病虫害防治　盆栽牡丹的主要病害是灰霉病、炭疽病和叶斑病。以预防为主，注意调节水分和温度，及时去除病枝。对于虫害同样是及时观察，及时预防，可结合药物控制。

（6）繁殖　牡丹繁殖方法有分株、嫁接、播种等，但以分株及嫁接居多，播种方法多用于培育新品种。

（7）修剪　在牡丹栽植2～3年后，要对其枝条进行修剪整形。为了让植株茁壮、花多色艳，要依照栽植年数掌控花朵的数量，在萌生花蕾的早期要留下一些发育良好的花芽，并及时把多余的芽及瘦弱的芽去掉；通常对5～6年生的植株，要留下3～5个花芽；对新栽植的植株，次年春季要把花芽全部去掉，以积聚养分、促使植株生长；花朵凋谢后应尽快把未落尽的花除去，暮秋落叶后要把徒长枝、病弱枝、干枯枝等剪去，以降低营养损耗，对第二年的植株生长有利。

（8）摆放位置　牡丹花朵雍容华贵，是装点家居的上选花卉。牡丹可摆放在阳台、客厅、书房等处，但要注意夏天时避免强光直射。

九、丁香：监测臭氧污染

丁香（图2-19）枝叶稠密，花序硕大，单花细小，芳香，色彩艳丽。丁香为室内大、中型盆栽花木，适宜摆放在客厅、窗台附近。

丁香花的常见种类包括白丁香、紫萼丁香以及一佛手丁香这三大种类。

（1）白丁香　叶形较小，花白色，香味浓。

（2）紫萼丁香　花序较大，花紫色。

图 2-19　丁香

（3）一佛手丁香　叶卵形，花白色，重瓣。

【监测功能】

丁香的净化功能强，对二氧化硫、氟化氢的抗性强。对氯气、氯化氢、氨气的抗性均强，并具吸滞粉尘的能力。花分泌的丁香酚能杀灭肺结核杆菌、伤寒沙门氏菌、副伤寒沙门氏菌、白喉杆菌等病菌。枝叶稠密能降低噪声。对臭氧敏感，可作为室内臭氧监测植物。

【栽培指南】

（1）光照　丁香喜光，耐半阴，耐寒，耐旱性强，忌积水。室内宜摆放在散射光多的光线明亮区。

（2）温度　丁香花原产区气候特点属于赤道雨林气候，最低月平均气温21℃，所以我们养殖时应注意温度控制，尽量不要使温度过低，低于3℃将会导致植株死亡。

（3）浇水　丁香在生长期盆土应保持稍干燥，需注意排水。在高温季节空气又干燥时，需向叶面及四周环境多次喷水。冬季能耐−20℃低温，室温完全可以安全越冬。

（4）施肥　丁香盆土可用一般的园土，每年施2～3次肥，但氮肥不宜多施，否则会引起枝叶徒长，影响花的质量和数量。冬季增施磷、钾肥1次，有利植株生长发育。因适应性强，不需特殊管理，也能年年开花。

（5）病虫害防治　丁香盆栽应注意对蚜虫、介壳虫、刺蛾、白粉病、叶枯病、褐斑病的防治。

（6）修剪　丁香成年后应重视修剪，一年可进行多次修剪，修剪时要求冠形整洁，通风透光。在休眠期剪除主枝下部细小的侧枝和根蘖条，使留下的主枝彼此间保持均匀状态，有利通风透光。花谢后，剪除残花，既减少养料消耗又避免结实，有利塑年多着花。

（7）繁殖　丁香花谢后30天进行扦插，剪取当年生半木质化健壮的枝条，长15cm，插后30～40天生根。春季萌芽前进行枝接；6～7月进行芽接。

（8）摆放位置　丁香喜光，平时宜放于阳光充足、空气流通之处。但在夏季要稍加庇荫，高温日灼对盆栽丁香生长不利。冬季埋盆于室外向阳处或移入室内窗台前。紫丁香盆景如图所示。

十、萱草：监测氟污染

萱草（图2-20）又名黄花菜、金针菜、忘忧草。它为多年生宿根草本植物，6～8月开花。萱草的叶片又细又长，粗看很像兰叶。萱草可分观赏与食用两类。食用的花多属单瓣，专供采花蒸熟晒干后食用，俗名金针；观赏的花多重瓣，专供布置园林小景。萱草的品种极多，其变种主要有长管萱草、千叶萱草、黄花萱草、大花萱草、玫瑰红萱草、斑花萱草等。

【监测功能】

萱草对氟气十分敏感，当空气中存在氟污染时，其叶子尖端即会变成褐红色，可利用它对氟污染进行监测。

【栽培指南】

（1）光照　萱草喜欢充足的日照，因此应放置在阳光充足的地方。

（2）温度　萱草喜欢温暖，也可以忍受半荫蔽的环境，可以忍受寒冷。入冬后，移入室内，室温2～3℃为宜。

（3）浇水　萱草在夏季每天下午浇水1次，也可根据情况，以手指压土按不动时为需要浇水的标准。

图 2-20　萱草

（4）施肥　从种植的第二年时要施一次肥料，以后每年追施 3 次液肥为好。此外，在进入冬天之前宜再施用一次腐熟的有机肥，以促进萱草第二年的生长发育。

（5）病虫害防治　锈病、叶斑病和叶枯病是萱草极易发生的病害。

① 锈病可危害其叶片、花葶。叶片初产生少量黄色粉状斑点，后逐渐扩展到全叶，以致全株枯死。防治主要以喷施粉锈宁、敌锈钠等杀菌剂为主。

② 叶斑病常发生在叶片主脉两侧的中部，穿孔后造成水分与养分运输中断，叶片尖端先行枯黄，最后全叶萎黄枯死。发病时可喷洒波尔多液或石硫合剂。

③ 叶枯病主要危害叶片，也危害花葶，严重时全叶枯死。防治时可用 50% 多菌灵可湿性粉剂 600～800 倍液喷洒。

（6）繁殖　萱草可以采用播种法或分株法进行繁殖。播种繁殖在春秋季都可进行，分株繁殖可以在秋季植株叶片干枯后或春季萌芽前进行。

（7）摆放位置　萱草可栽种在庭院的树丛下或花坛里，住宅的庭院中也可种植，是一种抗污染的植物。

十一、芍药：监测氟化氢污染

芍药（图 2-21）春末夏初开花，花大艳丽，清香流彩。花色有瓷红、粉红、黄色、白色、粉色、紫黑、混合色等，芍药是春天百花争艳后的压台花，花期 5 月份，故名叫"尾春"。芍药多数品种有芳香，种子圆形黑色。

在古代，芍药是我国名花，栽培历史达 3000 多年，自古有"牡丹为花王，芍药为花相"之称。芍药花花形妩媚，色泽鲜艳，芳香四溢，秀韵娇姿，并有"色、香、韵"三美。

芍药与牡丹花花形相似，但风采稍逊于牡丹花。芍药性强健，适应性强，民间栽培甚

图 2-21　芍药

多，房前屋后，庭院阳台，甚至在农舍菜园一角也能看到一丛丛茂盛的芍药花丛。

【监测功能】

芍药对空气中的氟化氢极其敏感，一受到侵害，即在叶片上出现斑点，可作监测氟化氢的指示植物。

【栽培指南】

（1）光照　芍药喜光照，但对光照要求不严，屋前房后都能生长，但在阳光充足处生长更为茂盛。

（2）温度　芍药的春化阶段，要求 0℃低温下，经过 40 天左右才能完成。然后混合芽方可萌动生长。

（3）浇水　芍药通常只在需水量最多的开花前后并遇春旱时才适当浇几次水，以补充土壤水分的不足；每次浇水量不宜过多。宁干勿湿是芍药日常管理的一条重要原则，浇水过勤反而会造成根系腐烂，引起枝叶枯萎下垂等生理现象。

（4）施肥　栽植前要进行深翻土，并施以充足的腐熟肥、厩肥和骨粉作基肥。

（5）病虫害防治　芍药病虫害较多，虫害以红蜘蛛、蚜虫为主，可喷洒稀释 1500～3000 倍乐果防治。

（6）修剪　对生长势特强、生长旺盛的品种，可以修剪成独干的芍药。对生长势弱，发枝数量少的品种，一般剪除细弱枝，保留强枝。芍药定干后，每年进行除芽和剪除过多、过密的无用枝，使每株保留 5～7 个充实饱满、分布均匀的枝条。每个枝条保留 2 个外侧花芽，其余应全部剪除，这样可使养分集中，促进植株生长均衡，开花繁茂。

（7）繁殖　芍药传统的繁殖方法有分株、播种、扦插、压条等。其中以分株法最为易行，被广泛采用。播种法仅用于培育新品种、生产嫁接牡丹的砧木和药材生产。

（8）摆放位置　芍药盆景主要放置在阳台上或房檐下阳光充足处。

第三章

能去除化学污染的花卉植物

化学污染的主要来源是装修材料以及香烟烟雾等，是室内最常见的污染之一，通常为无色气体，具有长期性、滞后性和低毒性。化学污染就像是"隐形敌人"，想要除去它也并不难，只要对正确养花，通过花卉植物吸附"毒气"的方法就能收到良好的功效。

第一节　室内化学污染

通过装饰材料、家具等含有对人体有害的物质释放到家居、办公室的空气中所造成的污染就是室内污染，本节介绍了甲醛、苯系物、氨气、挥发性有机物（TVOC）、氡气等强烈的化学污染物和一些简要的植物应对办法。

一、室内甲醛污染危害与对策

在现代家居中，甲醛是最广泛存在的一种污染物。它是一种没有颜色、有着强烈刺激性气味的气体，其35％～40％的水溶液通常被称作福尔马林。甲醛有着比较强的黏合性，所以是各种黏合剂的重要成分。装修或摆放新家具的房间里非常容易出现甲醛污染。如果时常闻到刺激性的化学气味，或者身体出现不好的反应，那么就应该马上检测室内环境并进行整治。

1. 甲醛的来源

甲醛又名蚁醛，是一种挥发性有机物，无色、易溶于水的刺激性气体，是一种原生毒素。甲醛在被发现后，就被确认有杀菌、解毒、防腐等作用，因而被广泛运用于各个领域。如室内装饰所采用胶合板、细木工板、中密度纤维板和刨花板、贴墙布、贴墙纸、涂料、胶黏剂、尿素-甲醛泡沫绝缘材料和塑料地板等。人造板是室内空气中甲醛的主要来源，人造板材中残留的未参与反应的甲醛会逐渐向周围环境释放，这就是室内空气中甲醛的主要来源。由于人造板中甲醛的释放时间长、释放量大，因此它对室内环境中甲醛的超标起着决定性的作用。人造板材在投入使用的10年之内，都会持续不断地向外散发甲醛。含甲醛的材料在高温、高湿条件下会加剧散发的力度。

2. 室内甲醛污染物的危害

甲醛对人的眼睛和呼吸系统有着强烈的刺激作用。甲醛可以跟人体的蛋白质相结合，若长期待在含有甲醛的环境中，最先感到不适的是眼睛，其次是嗅觉和呼吸道，其症状主要是流泪、打喷嚏、咳嗽，甚至出现结膜炎、咽喉炎、支气管痉挛等。空气中甲醛的浓度较低时有轻微的刺激作用，稍高时，会引起肺部的刺激效应。甲醛还会引起皮肤过敏，使皮肤肿胀、发红。当吸入高浓度的甲醛时，可以产生肺炎、咽喉和肺的水肿、支气管痉挛等疾病，出现呼吸困难甚至呼吸循环衰竭致死等症状。甲醛对人体的肝脏也具有潜在的毒性。甲醛在室内的浓度不同，对人体的具体毒性表现也不同。此外，甲醛也是导致癌症、胎儿畸形和妇女不孕症的潜在威胁物。长期接触高浓度甲醛的人，可引起鼻腔、口腔、咽喉、消化系统、肺、皮肤等癌症和白血病等。

3. 环保植物推荐

在室内摆放一些绿色植物，如芦荟、吊兰等可以减轻甲醛的污染。因为它们叶子的气孔都可以将室内的甲醛等污染物吸收到植物体内，植物根部的微生物又可以分解甲醛等污染物，而被分解的产物又能被植物吸收。

二、室内苯污染危害与对策

苯是一种无色、有特殊芳香气味的液体，微溶于水。苯有三个重要特点，即易挥发、易燃、蒸气有爆炸性。

甲苯、二甲苯是苯的同系物，如今室内装修过程中通常用其同系物来替代纯苯作各种类别的油漆、胶、涂料及防水材料的稀释剂。苯是对现代家居中除甲醛外存在最广泛的一种污染物质。

1. 室内苯系物污染的产生

苯系物，如苯、甲苯、二甲苯等，都具有无色、易燃、具有特殊芳香气味特性，来源于碳氢化合物。首先，在工业上使用广泛，主要用于合成某些化工原料，如某些药品、染料、杀虫剂和塑料产品。苯也被大量作为溶剂使用，作为黏剂、涂料和防水材料的溶剂或稀释剂，不过现在一般用苯的同系物代替纯苯。在这些含有大量的苯及苯类物质的化工溶剂中经装修极易挥发到室内，因此造成了室内空气中的苯污染。另外，苯还来源于厨房烹调、煎炸食物所产生的油烟中。

2. 室内苯系物质污染的危害

苯系物质对人体健康具有极大的危害性，是强烈致癌物质。一般来说，苯系物质对人体的危害分为急性中毒和慢性中毒两种。一般室内较低浓度的苯系物对人的皮肤、眼睛和上呼吸道有刺激作用，会导致人慢性中毒。长期接触苯系混合物的工人中再生障碍性贫血的患病率较高。

女性较男性来说对苯及其同系物更敏感。育龄妇女长期吸入苯会导致月经异常，主要表现为月经过多或紊乱。孕期接触甲苯、二甲苯及苯系混合物时，妊娠高血压综合征、妊娠呕吐及妊娠贫血等妊娠并发症的发病率显著增高。苯也可导致胎儿的先天性缺陷。

3. 环保植物推荐

要想室内空气清新，简单易行的办法是在室内放置一些常春藤等绿色植物，利用它们自身的酶来分解苯和三氯乙烯。例如常春藤、铁树、月季、龙舌兰、万年青、雏菊（图 3-1）等。

三、室内氨污染危害与对策

氨是一种无色、有强烈刺激性气味的气体，较空气轻，通常被称为氨气。氨气因其较空气轻，所以氨污染的释放期较快，不会长时间在空气中积聚，所以对人体的危害也相对较

图 3-1　能吸收苯的雏菊盆栽

小，可是也应当引起重视。

1. 氨的来源

（1）建筑施工过程中使用的混凝土外加剂，尤其是在冬季施工时加进的以尿素与氨水为重要原料的混凝土防冻剂，还有为了提高混凝土的凝固速度而特意使用的高碱混凝土膨胀剂等。上述含有很多氨类物质的混凝土外加剂，在墙体里随着温度、湿度等环境因素的改变而恢复到原来的气体状态，并由墙体内慢慢释放出来，导致室内空气中氨的浓度连续增高，从而造成氨污染。

（2）室内装修材料，比如家具涂料的添加剂与增白剂等。

（3）防火板内的阻燃剂、厕所里的臭气以及生活异味等。

2. 室内氨气污染物的危害

氨对接触的皮肤组织都有腐蚀和刺激作用。它可以吸收皮肤组织中的水分，使组织蛋白变性，并使组织脂肪皂化，破坏细胞膜结构，造成组织溶解性坏死。氨气对人及动物的上呼吸道及眼睛有着强烈的刺激和腐蚀作用，能减弱人体对疾病的抵抗力。氨通常以气体形式被吸入人体。进入肺泡内的氨，除少部分被二氧化碳中和外，其余的被吸收至血液，少量的会随着汗液、尿或呼吸排出体外，其他的则会与血红蛋白结合，使得人体循环系统的输氧功能遭到破坏。短期内吸入大量氨气后可出现流泪、咽痛、声音嘶哑、咳嗽、痰带血丝、胸闷、呼吸困难等症状，并伴有头晕、头痛、恶心、呕吐、乏力等，有的还可出现眼结膜及咽部充血及水肿、呼吸加快、肺部罗音等症状。严重者可发生肺水肿、成人呼吸窘迫综合征，喉水肿痉挛或支气管黏膜坏死脱落致窒息，还可并发气胸、纵隔气肿。当氨的浓度过高时，除产生腐蚀作用外，还可通过三叉神经末梢的反射作用，引发心脏停搏和呼吸停止。眼睛接触到液氨或高浓度氨气时，会引起眼的灼伤，严重者可发生角膜穿孔。皮肤接触液氨，也会发生灼伤。

3. 净化室内氯气污染物的对策

我国《室内空气质量卫生规范》（卫法监发 255 号）中规定室内空气中氨的浓度限量为

0.2mg/m³（日平均浓度）。室内装潢时不用含氨的添加剂、防冻剂、膨胀剂、胶黏剂、涂料添加剂、增白剂等。在室内要常开窗通风，保持卫生间内的清洁卫生。因为氨的特性易溶于水，最方便的方法是在室内放置一些水培的观叶植物，如水菖蒲、龟背竹等，都可以治理氨的危害，它还可以吸收净化水中的污染物。还可在室内用改性活性炭进行吸附，或加大铜盐吸附剂，使铜盐与氨发生化学反应，生成铜氨从而净化室内氨气的污染。

四、室内毒气组合危害与对策

VOC 是挥发性有机物，其沸点为 50～250℃，在正常温度条件下则以蒸发的形式存在于空气中。TVOC 是"总挥发性有机化合物"的英文简写。

在空气里的三种有机污染物（即多环芳烃、挥发性有机物及醛类化合物）之中，TVOC 是影响最严重的。如今，它已被世界卫生组织视为一种主要的空气污染物质。

1. TVOC 的来源

（1）有机溶液　比如含水涂料、化妆品、洗涤剂、黏合剂及灌缝胶等。

（2）各式各样的人造材料　比如人造板、泡沫隔热材料、橡胶地板、塑料板材及 PVC 地板等。

（3）室内装潢材料　比如壁纸、地毯、挂毯及化纤窗帘等。

（4）家庭使用的燃煤与天然气等燃烧的产物，烟叶的不彻底燃烧，采暖与烹饪等造成的烟雾，家具、家电、清洁剂及人体排泄物等。

2. TVOC 的危害

（1）当 TVOC 高于一定浓度的时候，可造成机体免疫水平下降，使中枢神经系统功能受到影响，产生眼睛不舒服、头晕、头疼、注意力分散、嗜睡、乏力、心情烦躁等症状，还有可能使消化系统受到影响，造成缺乏食欲、恶心、呕吐等不良结果。

（2）如果人长时间处于高浓度 TVOC 的环境之中，则会引起人体的中枢神经系统、肝、肾及血液中毒，严重者还会出现呼吸短促、胸口憋闷、支气管哮喘、失去知觉、记忆力减退等症状。TVOC 甚至会全面损害肝脏、肾脏、神经系统及造血系统，使人罹患白血病等严重的疾病。

需要注意的是，由于婴幼儿、儿童的大部分时间皆处于室内，因此有毒涂料里的有毒物质对孩童的危害时间最长，造成的伤害也最大，其后果也比成人更加严重。

3. 净化室内 TVOC 污染物的对策

首先，一定要保证室内的通风，让室内空气保持流通，这样就可以稀释有害气体，另外，很多植物有吸收 TVOC 污染物的能力，如仙人掌、吊兰、芦苇、常春藤、铁树、菊花等植物。一般来说，大叶面和香草类的植物吸收效果较好，如仙人掌、吊兰、芦荟、常春藤、铁树、菊花等。新装修的房子里放一些植物，在增加新居美观的同时也会提高空气湿度使空气清新。

五、室内臭氧污染危害与对策

环境健康专家表示，臭氧本身就是空气污染物，过量释放反而会加剧室内空气污染，危害人体健康。

1. 室内臭氧污染的产

臭氧是氧的同素异形体，是一种刺激性气体，它主要来自室外的光化学烟雾。在大气中仅有微量存在，稀薄状态是近乎无色无臭，是不可燃的气体。低浓度时具有特殊的草腥味，高浓度时则呈淡蓝色，并具有一种特殊的刺激性味道。室内的电视机、复印机、负离子发生器、激光印刷机、电影放映灯、空气净化器、电子消毒柜、静电吸尘器、紫外光发生器等，在使用过程中都能产生臭氧。

2. 室内臭氧污染的危害

臭氧具有强烈的刺激性，会刺激和损害人体深部的呼吸道，并可损害人的中枢神经系统，对眼睛也有轻度的刺激作用。过高浓度的臭氧会引起头痛、胸痛、思维能力降低，严重时可导致肺水肿和肺气肿，阻碍人体血液输氧的进行，使得人体的组织缺氧。尤其是有过敏体质的人长时间待在较高含量的臭氧环境中，可能会导致慢性肺病，甚至产生肺纤维化等永久伤害。

3. 净化室内臭氧污染的对策

在室内摆放一些绿色植物，如吊兰等，利用植物绿叶上的气孔，可以将室内的臭氧污染物吸收分解。

六、室内一氧化碳污染危害与对策

一氧化碳是无色、无臭的一种气体，俗称"煤气"。比空气轻，主要产生于室内煤气管道的泄漏等。有的室内因为碳氢化合物不完全燃烧也会排放出一氧化碳，使得一氧化碳的浓度增大。在室内吸烟也会产生一定浓度的一氧化碳。

一氧化碳无色、无味，一旦进入人体就会和血液中的血红蛋白结合，使得血红蛋白难以与氧气会合，从而造成人体缺氧。如果救援不及时，就会导致人体窒息而死亡。虽然，一氧化碳杀人于无形，但是却非常容易被人们忽略。人们往往在受到伤害后才后悔不已。

1. 室内一氧化碳污染的危害

一氧化碳浓度的增加，对植物和微生物并无大碍，但对人体危害严重，它与血红蛋白的结合能力比较强，人吸入后更加容易造成人体缺氧，一氧化碳随人的呼吸进入肺部，然后进入血液，使得原本是在肺部吸收氧气的这部分血红蛋白不能再吸收氧气，从而降低了血液中氧气的浓度，血液中氧气的减少能使人头痛、眩晕、昏迷，甚至造成心肌梗死。

2. 净化室内一氧化碳污染的对策

在日常生活中，如烧饭或取暖时就要特别注意燃煤和燃气的安全，避免在室内燃煤，不在室内吸烟等，都可以避免室内一氧化碳的污染。如在室内摆放一些绿色植物，利用绿色植物叶子的气孔都可以将室内的一氧化碳污染物吸收分解。

七、室内二氧化碳污染危害与对策

二氧化碳是空气中常见的化合物，常温下是一种无色无味气体，密度比空气大，能溶于水，与水反应生成碳酸，不支持燃烧。固态二氧化碳压缩后俗称为干冰。二氧化碳被认为是加剧温室效应的主要来源。

1. 室内二氧化碳污染的产生

二氧化碳又称碳酸气、碳酐，是无色、无臭的气体，比空气重，溶于水，高浓度时略带酸味，不燃、也不助燃。人多或微生物多的室内二氧化碳浓度都会增大。一氧化碳"煤气"在空气中也可以转变为二氧化碳，在室内的一些燃料被燃烧以后，都会产生大量的二氧化碳。繁忙的街道上，汽车等排放的气体中都含有大量的二氧化碳，也会进入室内。

2. 室内二氧化碳污染的危害

二氧化碳是一种腐蚀剂，对人体具有生理刺激作用和毒性。它的毒性比一氧化碳高 4～5 倍。二氧化碳急性中毒主要表现为昏迷、反射消失、瞳孔放大。经常接触二氧化碳气体，会出现头晕、神志不清的情况，个别敏感者会感觉有不良气味。浓度在 0.1%～0.15% 时，人体开始感觉不适；达到 0.15%～0.2% 时，属于轻度污染；超过 0.2% 属于严重污染；达到 0.3%～0.4% 时人会呼吸加深，出现头疼、耳鸣、血压增加等症状；当达到 0.8% 以上时，就会引起死亡。

3. 净化室内二氧化碳污染的对策

在使用煤气的室内，或人多的室内，应多开窗通气，及时清除室内微生物，保持室内清洁。绿色植物在生长过程中，需要吸收大量的二氧化碳。当然，绿植在黑夜里还是需要一定量的氧气，但是和它吸收二氧化碳的量相比这是微不足道的。所以，日常在室内摆放一些绿色植物也能解决二氧化碳的污染。

八、室内氮氧化物污染危害与对策

通常来说，人们所指的氮氧化物是一氧化氮和二氧化氮的总称，一氧化氮在空气中很容易转化为二氧化氮。室内环境中氮氧化物主要是由于烹饪和取暖过程中燃料的燃烧。此外，吸烟时也可产生氮氧化物。

1. 室内二氧化氮污染的产生

二氧化氮是具有窒息性刺激气味的黄褐色有毒气体，它具有腐蚀性，较难溶于水。自然界中的二氧化氮，是由闪电或者室内的微生物分解形成的。由于在厨房烹调、室内取暖，使用煤、石油、天然气等矿物燃料，室内吸烟等原因，都会造成室内空气中的二氧化氮和氮氧化物增加。

2. 室内二氧化氮污染的危害

人吸入二氧化氮后，肺组织会产生强烈的刺激和腐蚀。室内这种气体的密度过大，会导致人的肺损伤疾病。长期接触低浓度二氧化氮，能引起慢性咽喉炎、支气管炎及神经衰弱等症状。导致肺水肿、支气管炎等，当室内二氧化氮浓度达到 700×10^{-6} 时，可致人死亡。二氧化氮溶于水会生成腐蚀性硝酸溶液和有毒气体一氧化氮，它本身不燃烧，但它是强氧化剂，含有大量活性氧，可助长物质的燃烧。

3. 净化室内二氧化氮污染的对策

在室内取暖，厨房烹调，使用煤、石油、天然气等矿物燃料时，要保持室内通风，不在室内吸烟。可在室内摆放一些绿色植物，这些绿叶的气孔可将室内的二氧化氮污染物吸收分解和利用。也可以在室内放置一些活性炭、浮石、分子筛、多空黏土矿石、活性氧化铝、硅胶等，都有解除二氧化氮污染的作用。

九、可抵抗空气污染的植物推荐

随着人们生活阅历以及学识的提高，人们逐渐发现某些花卉植物在抵抗空气污染方面有着很好的作用。

1. 对二氧化硫抗性或吸收力强的植物

对二氧化硫抗性或吸收力强的植物包括：菊花、文竹、令箭荷花、水仙、仙人掌、仙人球、仙人山、仙人鞭、仙人杖、昙花、葱兰、蟹爪兰、景天、三七、仙客来、石竹、紫罗兰、金鱼草、虎耳草、天竺葵、万寿菊、天门冬、郁金香、一叶兰、矮牵牛、迎春花、杜鹃、茶花、金银花、桂花、丁香、月季、香水月季、芍药、栀子花、枸骨、黄杨、金橘、葡萄、石榴、胡颓子、小叶女贞、米兰、大叶黄杨、柑橘、玫瑰、桃树、刺柏、侧柏、罗汉松、桧柏、龙柏、常春藤、苏铁、鱼尾葵、散尾葵、假槟榔、蒲桃、蒲葵等。

2. 对氮氧化物抗性或吸收力强的植物

对氮氧化物抗性或吸收力强的植物包括：吊兰、虎尾兰、马拉巴栗（发财树）、石蒜、君子兰、翡翠景天、仙人掌、仙人球、仙人拳、令箭荷花、昙花、蟹爪兰、半支莲、紫茉莉、菊花、常春藤、石榴、金橘、茶花、迎春花、杜鹃、小叶女贞、月季、苏铁、龙柏、罗汉松等。

3. 对臭氧抗性或吸收力强的植物

对臭氧抗性或吸收力强的植物包括：旱金莲、唐菖蒲、薄荷、天竺葵、连翘（图 3-2）、栀子花、杜鹃、八仙花、桧柏、侧柏、石榴、水仙、海桐、樟树等。

图 3-2　能吸收臭氧的连翘盆栽

4. 对氨气抗性或吸收力强的植物

对氨气抗性或吸收力强的植物包括：女贞、无花果、紫薇、蜡梅、绿萝等。

5. 对汞蒸气抗性或吸收力强的植物

对汞蒸气抗性或吸收力强的植物包括：美人蕉、厚皮香、八仙花、紫茉莉、半支莲、万寿菊、菊花、雏菊、常春藤、石榴、金橘、桂花、月季、茶花、米兰、蜡梅、苏铁、桧柏等。

6. 对苯并芘抗性或吸收力强的植物

对苯并芘抗性或吸收力强的植物包括：旱金莲、仙人掌、接骨木等。

7. 对一氧化碳抗性或吸收力强的植物

对一氧化碳抗性或吸收力强的植物包括：吊兰、石蒜、翡翠景天、仙人掌、仙人球、仙人山、仙人拳、昙花、蟹爪兰、令箭荷花、菊花、紫茉莉、半支莲、雏菊、万寿菊、常春藤、金橘、君子兰、石榴、月季、山茶、米兰、蜡梅、苏铁、水仙等。

8. 对二氧化碳抗性或吸收力强的植物

对二氧化碳抗性或吸收力强的植物包括：吊兰、石蒜、君子兰、翡翠景天、仙人掌、仙人球、仙人山、仙人拳、昙花、蟹爪兰、令箭荷花、水仙等。

9. 对甲醛抗性或吸收力强的植物

对甲醛抗性或吸收力强的植物包括：仙人拳、接骨木、吊兰、芦荟、橡皮树、垂榕、常春藤、虎尾兰、一叶兰、苏铁、菊花、非洲菊、兰花、紫露草、吊竹梅、秋海棠类、绿巨人、绿帝王、花叶万年青、马拉巴栗、绿萝、散尾葵、香千年木、花叶芋、龟背竹等。

10. 对苯抗性或吸收力强的植物

对苯抗性或吸收力强的植物包括：常春藤、苏铁、菊花、米兰、吊兰、芦荟、花叶万年青、龙舌兰、香千年木等。

11. 对硫化氢抗性或吸收力强的植物

对硫化氢抗性或吸收力强的植物包括：芦荟、虎尾兰、吊兰、常春藤、旱金莲、迎春花、月季、唐菖蒲、茶花、桃花、小叶黄杨、罗汉松、蒲桃等。

12. 对氯气、氯化氢抗性或吸收力强的植物

对氯气、氯化氢抗性或吸收力强的植物包括：紫茉莉、四季秋海棠、旱金莲、吊竹梅、一串红、大丽花、菊花、水仙、美人蕉、矮牵牛、朝天椒、葱兰、晚香玉、红背桂、米兰、仙人掌、仙人山、仙人拳、仙人球、令箭荷花、仙人鞭、仙人杖、蟹爪兰、昙花（图3-3）、杜鹃、山茶、桂花、丁香、女贞、天竺葵、月季、含笑、栀子花、蔷薇、金银花、紫薇、海桐、枸骨、黄杨、葡萄、石榴、胡颓子、柑橘、常春藤、罗汉松、桧柏、侧柏、龙柏、苏铁、蒲桃、假槟榔等。

13. 对氟化氢抗性或吸收力强的植物

对氟化氢抗性或吸收力强的植物包括：美人蕉、一叶兰、水仙、紫茉莉、金鱼草、虎耳草、天竺葵、菊花、万寿菊、天门冬、郁金香、矮牵牛、葱兰、景天、三七、茶花、丁香、月季、火棘、海桐、桂花、女贞、迎春花、栀子花、金银花、米兰、黄杨、石榴、玫瑰、柑橘、杜鹃、桃花、常春藤、金橘、大叶黄杨、葡萄、罗汉松、侧伯、桧柏、龙柏、蒲葵、假槟榔等。

图 3-3　能吸收氯气的昙花盆栽

14. 对过氧硝酸乙酰酯抗性或吸收力强的植物

对过氧硝酸乙酰酯抗性或吸收力强的植物包括：四季海棠、杜鹃、蜡梅等。

15. 对二氧化氮抗性或吸收力强的植物

对二氧化氮抗性或吸收力强的植物包括：杜鹃、龙柏、石榴、无花果、桑树、泡桐、罗汉松、珊瑚树、柚子、榆树、夹竹桃、石榴、小叶女贞、楝树、洋槐、鱼骨松、枸树、花椒、白蜡等。

16. 对一氧化氮抗性或吸收力强的植物

对一氧化氮抗性或吸收力强的植物包括：广玉兰、迎春花、桑树、无花果、月季、银杏、杉树、湿地松等。

17. 能降低或吸滞悬浮颗粒物的植物

能降低或吸滞悬浮颗粒物的植物包括：兰花、花叶芋、蒲葵、大叶黄杨、紫薇、蜡梅、桂花、栀子花、海桐、石榴、丁香、红背桂、蔷薇、女贞、罗汉松、桧柏等。

18. 能分泌杀菌素的植物

能分泌杀菌素的植物包括：紫茉莉、薄荷、紫罗兰、茉莉花、柠檬、石竹、铃兰、金银花、橙、天竺葵、丁香、玫瑰、桂花、薜荔（图 3-4）、常春藤、月季、蔷薇、松树、桧柏、侧柏、女贞、麻叶绣球、牵牛花、复叶槭、紫荆、迎春花、木槿、珍珠梅、白兰花、文竹、柏木、白皮松、柳杉、冬树、稠李、雪松、五针松、香樟、悬铃木、紫薇、桧柏属、柽柳、核桃、紫穗槐、银杏、七叶树等。

19. 夜间能吸收二氧化碳释放氧气的植物

夜间能吸收二氧化碳释放氧气的植物包括：虎尾兰、龙舌兰、褐毛掌、矮伽兰菜、条纹伽兰菜、厚叶景天、杯状落地生根、凤梨、石蒜、君子兰、葱兰、晚香玉、水仙、景天、翡

图 3-4　能分泌杀菌素的薜荔盆栽

翠景天、景天三七、仙人掌、仙人球、仙人山、令箭荷花、昙花、蟹爪兰、仙人指、量天尺、金琥、莲花掌、龟背竹、各种兰花等。

第二节　能吸收甲醛的花卉植物

　　面对室内化学污染物的危害，我们可以有针对性地选择一些吸附化学物质能力较强的植物，如虎尾兰、常春藤等常见盆栽植物便是吸收室内甲醛污染气体最好的选择；富贵竹、银皇后等是可以有效吸收室内空气中的尼古丁等污染气体的盆栽植物。本节除了介绍人们生活中常见的盆栽植物可以吸收或净化室内化学污染气体，还介绍了如竹节椰子、九里香、巨丝兰等盆栽植物也可以对抗室内化学污染气体。

一、吸收甲醛抑细菌：虎尾兰

　　虎尾兰（图 3-5），又名虎耳兰、虎皮兰、千岁兰、虎皮掌、虎尾掌等，为龙舌兰科、虎尾兰属植物。

　　虎尾兰的变种主要有金边虎尾兰，其叶片较宽，叶缘浑圆，两侧各有 1 条大约 1cm 的金黄色条带，中间的虎皮状横条纹呈浅黄绿色；银脉虎尾兰；其株形较小，叶片细短，边缘及叶心有宽窄不一的银白色纵条纹；金边短叶虎尾兰，叶色为灰绿色，叶片边缘有金黄色或乳白色镶边。此外，还有白斑金边虎尾兰、黄斑虎尾兰等。同属的观赏种有圆叶虎尾兰、广叶虎尾兰和短叶虎尾兰等。虎尾兰原产于非洲西部热带地区，现为世界各地广为引种，我国

图 3-5　虎尾兰盆栽

的南北地区栽培非常普遍。

【环保功效】

盆栽虎尾兰置于室内观赏，在夜间能净化空气，给人们一个清新的环境。它还有很强的吸收甲醛的功能，据有关资料记载，在一个 $12\sim15m^2$ 的房间内，放置 2 盆中型大小的虎尾兰就能有效地吸收甲醛所释放的有害气体。虎尾兰还能分泌植物杀菌素，能抑制有害细菌的生长。

【栽培指南】

（1）光照　虎尾兰具有较强的耐阴性，怕夏季强烈的日光暴晒。值得注意的是长期陈设于室内光线不足处的盆栽虎尾兰，如果突然移到阳光下，叶片会发生灼伤。因此，应该逐渐地让其适应。

（2）温度　虎尾兰具有一定的抗寒能力，生长适宜温度为 $18\sim28℃$。冬季室温只要不低于 $4℃$，一般不会出现受冻的情况。栽培的最适温度为 $20\sim30℃$。

（3）浇水　浇水要适量，掌握"宁干勿湿"的原则。平时用清水擦洗叶面灰尘，保持叶片清洁光亮。春季根茎处萌发新植株时要适当多浇水，保持盆土湿润；夏季高温季节也应经常保持盆土湿润；秋末后应控制浇水量，盆土保持相对干燥，以增强抗寒力。冬季休眠期要控制浇水，保持土壤干燥，浇水要避免浇入叶簇内。要切忌积水，以免造成腐烂而使叶片以下折倒。

（4）施肥　虎尾兰对肥料要求不高，长期只施氮肥，叶片上的斑纹就会变暗淡，故一般使用复合肥。施肥不应过量。生长盛期，每月可施 $1\sim2$ 次肥，施肥量要少。可在换盆时使用标准的堆肥，生长季每月施 $1\sim2$ 次稀薄液肥，以保证叶片苍翠肥厚。也可在盆边土壤内均匀地埋 3 穴熟黄豆，每穴 $7\sim10$ 粒，注意不要与根接触。从 11 月至第二年 3 月停止施肥。

（5）病虫害防治　染病后叶片由绿色变为浅黄色至灰黄色，近地面的茎基部出现水浸状软腐病，后期受害病叶易倒折。根茎部染病，呈草黄色软腐，根部腐烂枯死。根系受水浸亦呈黑腐状枯死。病原是由细菌引起的。发病初期，可选用医用硫酸链霉素 2000 倍液、47％加瑞农可湿性粉剂 700 倍液或 30％绿得保悬浮剂 500 倍液，每隔 5～7 天喷一次，连喷 2～3 次防治。

（6）土壤　虎尾兰适应性强，对土壤要求不严，管理可较为粗放，喜疏松的沙土和腐殖土，耐干旱和瘠薄。盆栽可用肥沃园土 3 份，煤渣 1 份，再加入少量豆饼屑或禽粪做基肥。生长很健壮，即使布满了盆也不抑制其生长。一般两年换一次盆，春季进行。

（7）繁殖　可采用分株繁殖或叶插繁殖。

① 分株繁殖。由于虎尾兰的根茎粗壮发达，易向外伸出匍匐茎，使用锋利的刀将新伸出的根茎少带部分根系一起割下，当切口晾干后，栽入花盆中，将土压实并浇透水，2～3 年的时间根茎和叶片就能满盆。也可以结合换盆，将植株从盆内倒出，然后用利刀将根茎割断，然后分别上盆栽植。

② 叶插繁殖。叶片扦插繁殖一般在春、秋两季进行。将叶片剪成数段，每段长 5～8cm，晾晒 1～2 天，待伤口干后，插入砂中，深度 3cm 左右，将砂土压实，浇足水分，放置在半阴处养护，极易成活。首先从土内的伤口部分长出根系，然后长出地下茎，由地下茎的生长点部分再长出新的小叶丛，虎尾兰幼苗如图 3-6 所示。

图 3-6　虎尾兰幼苗

（8）摆放位置　虎尾兰以盆栽为主，宜放在光线明亮、通风的室内，如会客厅、卧室、书房、电脑房，可起净化空气的作用。

二、苯污染克星：常春藤

常春藤叶缘微有波状，脉络青白，叶面长有紫红色晕，果实为橘黄色。其品种还有"花叶常春藤"、"瑞典常春藤（图 3-7）"。

图 3-7　常春藤叶子

常春藤是室内外垂直绿化的理想材料之一，或作攀附观赏，或作盆景小品玩赏，特别以悬垂式最好（图 3-8）。如全绿常春藤，叶片多呈 3～5 裂，基部为心形，姿色很美。

图 3-8　悬挂室内的常春藤盆栽

【环保功效】

常春藤可吸收有毒物质苯，24 小时在有照明的条件下，可吸收室内 90％的苯。它还可吸附微粒灰尘，净化空气。

【栽培指南】

（1）光照　常春藤是阴性藤本植物，也能生长在全光照的环境中，在温暖湿润的气候条件下生长良好，不耐寒。

（2）温度　常春藤怕酷热，要放在通风处，室温在 20～25℃ 之间。冬天须保持在 10℃ 以上。

（3）浇水　常春藤浇水不宜多，但盆土要保持湿润。夏季要多向叶面、枝条喷水，增加湿度，有利生长。春夏秋三季浇水要见干见湿，不能使盆土过分潮湿，否则会烂根落叶。

（4）施肥　常春藤在生长季节每月应施 1～2 次薄肥。

（5）病虫害防治　常春藤春季易受蚜虫危害，在高温干燥、通风不良的条件下也易发红蜘蛛、介壳虫危害，应及使喷药。

（6）土壤　常春藤对土质要求不严，多用肥沃疏松的土壤作基质。

（7）繁殖　常春藤在早春或黄梅期选生长粗壮的嫩枝扦插。要保持芽点不被抹掉，否则会影响新株的成活。

（8）摆放位置　常春藤常以盆栽悬吊室内外欣赏，有丰富空间层次和美化净化环境的作用，其色彩典雅，风韵幽美。水培的常春藤盆栽如图 3-9 所示。

图 3-9　水培的常春藤盆栽

三、厨房"好助手"：冷水花

冷水花又叫透明草、蛤蟆叶海棠、白雪草、铝叶草等，为荨麻科多年生常绿草本或亚灌木植物，高 15～40cm，茎叶稍多汁，光滑，易分枝。

冷水花在散射光下生长良好，不耐寒，怕霜，冬季移入室内即可越冬，适应性强，对土壤要求不严。

冷水花叶片略显皱褶，叶脉青绿色斑纹凸起，呈银白色（图 3-10），株丛呈披散状，枝叶小巧秀雅，适合摆放在案头，也可放置在吊盆或吊篮中观赏。

图 3-10　冷水花叶片

【环保功效】

冷水花能净化厨房间烹饪时所散发的油烟，是厨房内理想的环保植物。

【栽培指南】

（1）光照　冷水花是一种叶色很美的室内花卉，很耐阴，但更喜欢充足光照，且应避免强光直射。夏天花盆摆在北窗，冬天放到南窗。光线太暗，叶片颜色会淡化；阳光过强，叶片会遭灼伤。

（2）温度　适合冷水花生长的适温为 15～25℃，冬天不能低于 5℃，空气湿度为 60％。

（3）浇水　冷水花冬季休眠期应节制浇水，温度越低，越要保持盆土干燥。夏季浇水次数与浇水量可逐渐增加，但中午不要对球体喷水，以免造成日照灼伤。黄梅季节，要节制浇水。

（4）施肥　冷水花在生长时，要注意施肥，每 10 天左右施一次稀薄液肥，注意通风。

（5）病虫害防治　冷水花常见叶斑病危害，可喷 200 倍波尔多液预防。盆土太湿，易产生根腐病，可用托布津 1000 倍液浇灌。发现根瘤线虫，可施 3％呋喃丹防治。有介壳虫危害，用 40％氧化乐果 1000 倍液喷杀。金龟子咬食叶片，可人工捕杀或用敌百虫 1000 倍液喷洒。干燥炎热时要防止红蜘蛛的危害。

（6）土壤　冷水花盆土排水、透气要良好，宜用含石灰质的沙土。

（7）繁殖　冷水花繁殖多用扦插方法，春、秋两季均可进行。家庭多在 5 月份用茎秆顶端作扦穗，介质用河沙或蛭石，在适宜温度条件下（20～25℃），10 天左右发根。当新芽伸长 3～5cm 后，用沙质土上盆。浇足定根水，转入正常管理。

（8）摆放位置　冷水花陈设于书房（图 3-11）、卧室，清雅宜人。也可悬吊于窗前，绿叶垂下，妩媚可爱。

四、空气"清洁工"：大花蕙兰

大花蕙兰又称虎头兰、黄蝉兰，是地生兰。野生时生长在森林的树干和幽谷的峭壁上，

图 3-11　冷水花盆栽

经过人工驯化后，既保留了原来的一些野生生态习性，又适应了家养的部分环境，特别是在耐寒性上有很大的提高。经过培育，大花蕙兰在我国南方可露地越冬，并可年年开花。

大花蕙兰开花时，花梗由兰头抽出，花数十朵，花瓣圆厚，花色除了黄、橙、红、紫、褐等颜色外，还有不寻常的翠绿色，花开 50～60 天后才凋谢，如图 3-12 所示。

图 3-12　大花蕙兰花朵

【环保功效】

大花蕙兰为兰科植物，兰科植物能吸收空气中的一氧化碳、甲醛，起到净化空气的作用。

【栽培指南】

（1）光照　光照是影响大花蕙兰生长和开花的重要因素。大花蕙兰在兰科植物中属喜光的一类，光照充足有利于叶片生产，形成花茎和开花。过多遮阴，叶片细长而薄，不能直立，假鳞茎变小，容易生病，影响开花。盛夏遮光 50％～60％，秋季多见阳光，有利于花芽形成与分化。冬季雨雪天，如增加辅助光，对开花极为有利。

（2）温度　大花蕙兰生长适温为 10～25℃，越冬温度不宜高，夜间 10℃左右比较适合。

（3）浇水　大花蕙兰需要充足的水分，炎夏时节，每天浇水 2～3 次，并向叶面喷水，增加空气湿度。刚上盆时，培养土要稍干，并经常向叶面喷水。

（4）施肥　大花蕙兰应多施骨粉和腐熟的豆饼肥，能使花大而多。每隔半月，用磷酸二氢钾与尿素 0.5：1 的 1000 倍溶液喷洒叶片，有利于生长和开花。

（5）病虫害防治　大花蕙兰主要病害为黑斑病，可用百菌清或托布津每月喷洒一次。主要虫害有蛞蝓、叶螨，常用药剂有蛞克星（诱杀）、三氯杀虫螨。在 6～9 月通风不良时，蛞蝓发生严重，多在叶片背部隐藏，同时危害根系，防治时可在砖缝中撒石灰，然后喷水，可杀死大量成虫，同时可用长寿花叶及颗粒蛞克星诱杀。叶螨在叶子背面发生，因此打药时要从叶的背面开始打起。

（6）土壤　大花蕙兰用碎砖或木炭一份与椰壳纤维混合成土壤，用腐叶土栽培也可。

（7）繁殖　大花蕙兰在 4～6 周后可在外植体周围形成许多球状物，即类原球茎（图 3-13）。若把类原球茎分割或用棒压碎，再接种到培养基上，便会形成更多的类原球茎。每 30～40 天分割一次，大花蕙兰每切一个芽可繁殖 1 万苗左右。把类原球茎接种到长苗培养基上，可以长芽生根，形成完整的幼苗。

（8）摆放位置　大花蕙兰是盆栽在室内的观赏花卉，以放在通风良好、半阴及防寒的地

图 3-13　大花蕙兰的根茎

方为宜，如窗台、客厅等，可起到观赏和净化空气的作用。

五、净化三氯乙烯：万年青

万年青是多年生常绿草本植物。茎直立，不分枝，株高 50～80cm。叶亮暗绿色，椭圆状卵形，叶缘波状，叶先端渐尖，叶柄为叶长的 2/3。花梗长，青绿色，肉穗花序，佛焰苞长 6～7cm，白色至淡绿色，花期夏秋。球形浆果红色。

万年青的叶片清秀典雅，具有很强的耐阴性，可常年作家具陈设，是最适合室内观赏的观叶植物，如图 3-14 所示。

图 3-14　开花的万年青

【环保功效】

万年青可净化空气中的甲醛等有害气体，特别是对三氯乙烯有很好的净化作用。

【栽培指南】

(1) 光照　万年青夏季生长旺盛，需放置在庇荫处，以免强光照射。否则，易造成叶片焦边，影响观赏效果。

(2) 温度　万年青在冬季应放在室内阳光充足、通风良好的地方，温度保持在 6～18℃。室温过高，易引起叶片徒长，消耗大量养分，以致翌年生长衰弱，影响正常的开花结果。

(3) 浇水　万年青为肉根系，最怕积水受涝，因此，不能多浇水，否则易引起烂根。盆土平时浇适量水即可，做到不干不浇，宁可偏干，也不宜过湿。除夏季须保持盆土湿润外，春、秋季节浇水不宜过勤。夏季每天早晚应向花盆四周地面洒水，以形成湿润的小气候，还应注意防范大雨浇淋。

(4) 施肥　万年青在生长期间，每隔 20 天左右施 1 次腐熟的液肥。初夏生长较旺盛，可 10 天左右追施 1 次液肥，追肥中可加兑量 0.5% 硫酸铵，促其生长更好，叶色浓绿光亮。在开花旺盛的 6～7 月，每隔 15 天左右施 1 次 0.2% 的磷酸二氢钾水溶液，促进花芽分化，以利于其更好地开花结果。开花期不能淋雨，要放置在阴燥通风、不受雨淋的地方。

（5）病虫害防治　如果把万年青植株放在光照太强烈的窗台上或靠近散热器的地方，叶片会出现棕色和黄色斑点。这就需要把它挪到更合适的地方，并把有病害的叶片摘掉。

（6）土壤　盆栽万年青，宜用含腐殖质丰富的沙壤土作培养土。土壤的 pH 值为 6～6.5，有利于充分发挥养分的有效性，适于植株开花结果。每年 3～4 月或 10～11 月换盆 1次。换盆时，要剔除衰老根茎和宿存枯叶，用加肥的酸性栽培土栽植，上盆后放遮阴处待几天。

（7）修剪　为保持万年青植株的良好造型，提高观赏价值，随着植株的生长，株下部的黄叶、残叶、部分老叶要及时修剪。家庭盆养时可用软布蘸啤酒擦拭叶片，既可去掉尘土，又给叶片增加了营养，使叶片亮绿、干净。

（8）摆放位置　万年青适合摆放在客厅（图 3-15）、书房、厨房，或阴面的阳台等无阳光直射的环境中，其叶片可作切叶配置、切花装饰。

图 3-15　万年青盆栽

六、生物"净化器"：波士顿蕨

波士顿蕨（图 3-16）是碎叶肾蕨的一个有名的突变种。

波士顿蕨也是多年生常绿草本植物。株高 40～50cm，根茎直立，被鳞片，地下匍匐茎易长出块茎。叶丛生，呈一回羽状深裂，羽叶着生在叶轴两侧，似蜈蚣，嫩绿色，孢子囊群生于叶背面，囊群盖肾形。

图 3-16　水培波士顿蕨盆栽

波士顿蕨叶片四季常青，叶形秀丽挺拔，叶色翠绿清秀，深裂丛生，形态自然潇洒，是目前国内外应用最广泛的观赏蕨类之一。其叶片也是插花极好的配叶材料，象征着"富足、美满"。

【环保功效】

波士顿蕨具有吸收甲醛、甲苯、二甲苯等有毒气体，增加空气湿度的功能。每小时能吸收大约 $20\mu g$ 甲醛，被认为是最有效的生物"净化器"。经常接触油漆、涂料，或身边有吸烟的人，可在工作场所放一盆波士顿蕨等蕨类植物。另外，波士顿蕨等蕨类植物还可吸收电脑显示器、复印机和打印机中释放的二甲苯和甲苯，同时，可作为冬天检测室内相对湿度的植物。如果这种植物在室内保持健康良好的生长，表示室内环境也是适合人们生活居住的。

【栽培指南】

（1）光照　波士顿蕨通常生长在森林下层阴暗而潮湿的环境里，少数耐旱的种类能生长于干旱荒坡、路旁及房前屋后。喜欢明亮的散射光，决不能接受直射的阳光。属耐阴植物。因此，盛夏要避免阳光直射。

（2）温度　波士顿蕨温度保持在 $20\sim30℃$ 时新叶会不断萌发，昼夜温差不宜太大。当温度高于 $35℃$ 或低于 $15℃$ 时，生长受到抑制，越冬温度应保持在 $5\sim10℃$，否则易受冻害。

（3）浇水　波士顿蕨浇水以保持湿润为原则。波士顿蕨对水分要求较严格，不宜过湿，也不宜过干，以经常保持盆土湿润状态为佳。夏季可在花盆周围地面上铺些湿沙，喷些水，以提高环境湿度。冬季室温低时要减少浇水，保持土壤稍湿润最好。

（4）施肥　波士顿蕨不宜过多施用速效化肥。生长期间宜施用稀释的腐熟饼肥，但注意勿沾污叶面，以免伤害叶片，施用后要用清水清洗污染的叶片。

（5）病虫害防治　波士顿蕨在室内栽培时，如通风不好，易遭受蚜虫和红蜘蛛为害。在浇水过多或空气湿度过大时，波士顿蕨易发生生理性叶枯病，注意盆土不宜太湿，并用65％代森锌可湿性粉剂600倍液喷洒。

（6）土壤　波士顿蕨盆栽宜选用腐叶土、河沙和园土的混合培养土，有条件采用水苔作培养基则生长更好。每隔一年于春季换一次盆。

（7）繁殖　波士顿蕨可在早春4～5月结合翻盆时进行分株繁殖。先将植株倒置扣出花盆，抖去旧土，然后将植株切割成若干丛分别栽植。分栽的植株置于阴处缓苗一周左右，即可转入正常的养护。

（8）摆放位置　波士顿蕨可摆放于有散射光的卫生间、书房、客厅（图3-17）、厨房等处，装饰书桌、几架、案台、窗边等。

图 3-17　摆在客厅的波士顿蕨

七、除甲醛能手：大银苞芋

大银苞芋（图3-18）属于常绿多年生草本花卉。株形似白鹤芋，但较硕大，高可达1.2m，且常单茎生长，不易长侧芽。叶墨绿色，有光泽，宽厚挺拔。品种有圆叶、尖叶之分，以圆叶种为佳。种植一年半至两年后开花，白色苞叶大型，有微香，花期可达两个月。

大银苞芋的株形整齐，叶翠绿有光泽，佛焰苞高出叶丛，亭亭玉立，洁白如雪，卷曲得像调羹，又像合拢的手掌，也像是白鹤翘首，苞内着生白色棒状，故名白鹤芋、白掌。又因其长圆形披针，像鼓起的风帆，又称一帆风顺。这种植物有粗壮的根状茎，叶茎生，革质，叶面深绿而有光泽，株形整齐，又很耐阴，对不良环境适应能力强，是良好的室内观叶植物。

图 3-18　开花的大银苞芋盆栽

【环保功效】

大银苞芋能清除甲醛和氨等室内有害气体。资料显示，每平方米大银苞芋植株叶面积能清除 1.09mg 的甲醛和 3.53mg 的氨。

【栽培指南】

（1）光照　大银苞芋喜欢半阴半阳湿度较大的环境生长，忌暴晒，光照过强会引起日灼现象，只需 1～2 天的日光暴晒就会使叶片变黄，时间稍长还会引起焦叶。在 5～9 月应将盆株移入半阴处，忌空气干燥，过干会引起新生的叶片发黄焦边，应经常向叶面及周围环境喷洒水分。

（2）温度　大银苞芋的生长适温 18～28℃，要求较高的空气湿度。

（3）浇水　大银苞芋生长迅速，叶片又大，对水分与养分的需求量较多。

（4）施肥　大银苞芋除在生长期充分浇水外，应每 10 天左右施 1 次以氮为主的肥料，但需防止积水。

（5）病虫害防治　大银苞芋易发生茎腐病和心腐病。茎腐病和心腐病均属于"土壤真菌病害"，栽培过程中，土壤消毒不彻底，土壤带菌，植株自身的抗病性下降，会造成病害发生。另外，在施肥过程中，偏施氮肥，或缺乏某种元素，也是引起病害发生的重要原因。可使用 50% 的多菌灵可湿性粉剂 1000 倍液防治。

（6）土壤　栽培盆土是大银苞芋生长良好的基础，因此配制盆土要求较高。配比是 3 份有机质塘泥或肥沃泥土、2 份河沙、2 份腐熟蘑菇渣肥、1 份泥炭土、1 份珍珠岩粒、1 份腐熟猪粪或鸡屎干，共 10 份配合成为疏松透气、排水良好的混合盆栽土。

（7）繁殖　大银苞芋常采用分株进行繁殖。当大银苞芋产生的分蘖芽长出 4～6 枚小叶时，可将母株从盆中倒出，小心将小苗切离母体，单独种植于一个盆内。浇足定根水，放在半阴条件下养护，在未成活之前不应施肥。

（8）摆放位置　适宜摆放在客厅的角落或门廊两侧等光照不足的地方（图 3-19）。

图 3-19　大银苞芋盆栽

八、观叶绿植：合果芋

合果芋为多年生草本花卉。茎蔓生，绿色，光照好时略显淡紫色，茎节上有多数气生根，可攀附于他物上生长。叶互生，幼叶箭形，淡绿色，成年植株叶常三裂似鸡爪状深缺，或 5～9 枚裂片，叶片的形状、色泽和斑纹因品种而异。花佛焰苞状，里面白或玫红色，背面绿色，秋季开花（图 3-20）。

合果芋叶形别致，形如蝴蝶，清新亮泽。小型植株可布置窗台与几桌；长成下垂的盆株，则宜置于几架、橱顶等高处，让枝叶自然飘垂而下，还可作圆柱状栽植，布置于厅堂的沙发旁或墙角。

【环保功效】

合果芋能吸收甲醛、氨气等多种室内有害气体，其宽大漂亮的叶片还能提高空气湿度，改善室内空气质量。

【栽培指南】

（1）光照　合果芋平常养护要避免烈日直射，只能给予明亮散射光，家庭可放置在窗户

图 3-20　合果芋

附近或房屋的北侧。

（2）温度　合果芋的生长适温为 22～30℃，在 15℃时生长较慢，10℃以下则茎叶停止生长。冬季温度在 5℃以下叶片出现冻害。

（3）浇水　合果芋对水分要求较高，全年浇水要掌握宁湿勿干的原则，并要经常喷水，保持周围环境湿润，这样既有利生长，又会使叶片清新光亮，富有生机。

（4）施肥　合果芋在生长季，每月要施肥 2～3 次，北方地区要避免施用碱性的肥水，适合定期施用硫黄或在肥水中加入少量的硫酸亚铁溶液。

（5）病虫害防治　合果芋常见有叶斑病和灰霉病。可用 70％代森锌可湿件粉剂 700 倍液喷洒。虫害有白粉虱和蓟马为害茎叶，一般可人工刷除。

（6）土壤　盆栽合果芋的盆土，可用园土 3 份、泥炭和砂各 1 份混合。

（7）繁殖　合果芋多用扦插繁殖。扦插 3～10 月均可进行。生根的最适温度为 22～26℃。插穗需有 3～4 个节，扦插于沙土或粗沙、膨胀珍珠岩、泥炭土等混合调制的床土中，保持湿润，很容易生根，也可将插穗直接插植于栽培盆土中。还可直接用水插繁殖，选择健壮、无病虫害的插穗直接插于清水中，经常换水，一个月生根后即可移栽上盆。

（8）摆放位置　合果芋适合摆放在室内茶几（图 3-21）、餐桌上，亦可放在电脑桌旁。

九、"高效空气净化器"：绿宝石喜林芋

绿宝石喜林芋为多年生常绿藤本植物。直立矮生至蔓生型，茎粗壮，节上有气生根。叶长心形，叶大，先端突尖，基部深心形，绿色，全缘，有光泽，嫩梢和叶鞘均为绿色。肉穗花序黄色，如图 3-22 所示。

绿宝石喜林芋枝叶繁茂，株形优美，叶色光亮碧绿，小型幼株枝叶直立，或略垂，宜布置窗台、几桌等处；长大后枝叶垂挂，通常宜作垂挂装饰或圆柱状栽植。

图 3-21　合果芋盆栽

图 3-22　开花的绿宝石喜林芋

【环保功效】

绿宝石喜林芋通过它那展开的大叶子每小时可吸收 $4\sim6\mu g$ 有害气体，并将之转化为对人体无害的物质，被誉为"高效空气净化器"。由于其能同时净化空气中的苯、三氯乙烯和甲醛，因此非常适合在新装修的居室中摆放。此外，它还能提高房间湿度，有益于我们的皮肤和呼吸。

【栽培指南】

（1）光照　绿宝石喜林芋喜明亮的光线（图 3-23），忌强烈日光照射，一般生长季需遮光 $50\%\sim60\%$，亦可忍耐阴暗的室内环境，不过长时间光线太弱易引起徒长，节间变长，生长细弱，不利于观赏。

（2）温度　绿宝石喜林芋的生长适温为 $20\sim28℃$，越冬温度为 $5℃$。

（3）浇水　绿宝石喜林芋喜高温多湿环境，尤其在夏季不能缺水，需经常向叶面喷水，

图 3-23　绿宝石喜林芋盆栽

但要避免盆土积水，否则叶片容易发黄。一般春夏季每天浇水 1 次，秋季可 3～5 天浇 1 次，冬季则应减少浇水量，但不能使盆土完全干燥。

（4）施肥　绿宝石喜林芋在生长季要经常注意追肥，一般每月施肥 1～2 次。秋末及冬季生长缓慢或停止生长，应停止施肥。

（5）病虫害防治　绿宝石喜林芋一般不易感染病虫害，但不正确的养护会使绿宝石喜林芋受到介壳虫的侵袭，一般可人工刷除。

（6）土壤　绿宝石喜林芋盆栽基质以富含腐殖质且排水良好的壤土为佳，一般用腐叶土 1 份、园土 1 份、泥炭土 1 份和少量河沙及基肥配制而成。种植时可在盆中立柱，在四周种 3～5 株小苗，让其攀附生长。

（7）繁殖　绿宝石喜林芋多用扦插繁殖，在高温季节很易生根。一般于 4～8 月间切取茎部 3～4 节，摘去下部叶，将插条插在腐叶土和河沙掺半的基质中，保持基质和空气湿润。经 2～3 周即可生根上盆。

（8）摆放位置　绿宝石喜林芋适合摆放在有明亮散射光的客厅，阴面阳台等半阴的环境中。

十、去除异味好帮手：花叶垂榕

花叶垂榕的种类繁多，其中小叶榕的叶片又细又长。花叶垂榕易于种植，是最常见的室内植物之一。

室内生长的花叶垂榕高可达 1.8～2.4m，树冠广阔，约为 1.2m。叶片为翠绿色，叶片周围为黄色，长 5～10cm，呈椭圆形，像柳叶样顶长尾尖，依托于弧形茎秆（图 3-24）。

【环保功效】

花叶垂榕能够有效收甲醛，甲醛这种有害气体通常存在于新材料中（压缩木料制作的家具、涂料、清漆、地板蜡等）、二甲苯（涂料、地板蜡、墨水等）以及维修用品里。

【栽培指南】

（1）光照　光照较强时，花叶垂榕的植株生长旺盛，冬季可承受直射的阳光，但夏季最好避免强烈的阳光直射。放置在朝向南面或西面的房间最为理想。不要把植株放在窗户及门口，因为植株不喜穿堂风。

（2）温度　花叶垂榕的适宜温度为 18～21℃，但也能承受 13℃ 的低温。

（3）浇水　花叶垂榕应该从上往下浇水，每次浇水时都要将腐殖土完全浸透，30min 后将托盘内多余的水倒掉。待土壤表面干燥后再重新浇水，冬季时土壤干燥的时间要更长一些。这种植物喜水，但如果土壤长期处于潮湿的环境中，根部也会腐烂，导致植株死亡。

（4）施肥　春夏之季，每隔 15 天要为花叶垂榕植株施一次液体肥以促进植株生长。

（5）病虫害防治　花叶垂榕土壤里的害虫，如红蜘蛛和胭脂虫，会啮食叶子吮吸汁液。被虫害咬开的部分形成褐色的洞，这会导致植物叶子上形成很多类似大理石的斑纹。这时需要用浸了烧酒的棉花团抹去胭脂虫，并用生物杀虫剂喷洒植株来消灭所有害虫。

（6）土壤　花叶垂榕原产于热带与亚热带地区，性喜半阴、高温、潮湿的环境，对土壤要求不严，但以肥沃疏松、排水良好的土壤最佳。

（7）繁殖　花叶垂榕繁殖可用高压法或扦插法，家庭以高压繁殖为主，成活率高，春季至秋季为适期。

图 3-24 花叶垂榕叶片

（8）摆放位置 花叶垂榕可以装饰任何一个房间（图 3-25）。植株较小时，可以摆放在卧室、办公室甚至楼梯间的任何一个角落里，而当植株逐渐长大后，可以把它转移到客厅或者阳台。

十一、增加空气湿度：春羽

春羽体态娇小，茎强而有力。叶直立、浓绿而有光泽、呈粗大的羽状深裂。春羽可快速长至 1m 高，叶片幅度大（图 3-26）。

【环保功效】

春羽能吸收部分甲醛，具备极强的蒸腾作用，能增加空气湿度。

【栽培指南】

（1）光照 春羽不需要光照，喜阴，在阴暗处生长较快。避免阳光直射，远离人工热源，比如散热装置，这会导致植株干枯。

（2）温度 请将温度保持在 15～25℃。不要让温度低于 15℃，低温会损害春羽的健康。

（3）浇水 春羽在夏季要大量浇水，冬季适当减少浇水次数和水量。在任何情况下都要保持根部湿润。春羽喜湿，记得经常用水喷洒植株。经常喷水不仅可以保持叶片的绿色，还可以预防病虫害。

图 3-25 花叶垂榕盆栽

（4）施肥 春季至秋季，每月施一次肥。

（5）病虫害 胭脂虫会侵害春羽并吸食它的汁液，用浸湿的棉絮把害虫抹去，经常给植株喷水并密切关注其他植物。叶片枯萎可能是由根部腐烂造成的，而根部腐烂则是浇水过多的缘故。待植物下部完全干燥后再进行第二次浇水。

（6）土壤 春羽对土壤要求不严，以富含腐殖质排水良好的砂质壤土中生长为佳，盆栽多用泥炭、珍珠岩混合配制营养土。

（7）繁殖 春羽繁殖有分株或扦插法。一般生长健壮的植株，基部可萌生分蘖，待其生根以后，即可取下另行栽植。或将植株上部切下扦插成株，老株基部会萌发数个幼芽，这些幼芽即可用作繁殖。

（8）摆放位置 春羽可以摆放在门厅、客厅、办公室、卧室，也可摆放在新买的或者刚打过蜡的家具或桌子上（图 3-27）。

图 3-26　春羽盆栽

图 3-27　水培春羽盆栽

十二、除甲醛绿植：心叶蔓绿绒

心叶蔓绿绒叶片常绿，有光泽，存活期长，攀缘性强，枝条不掐断的情况下，可以无限攀缘生长。易于种植，即便疏于管理、条件差也能正常存活。只要给它提供一个坚固的支撑物或者允许它蔓生，它就可以在任何一个房间里生存下去。心形叶片和纤细柔软的茎让心叶蔓绿绒可以自由攀爬、下垂甚至是覆盖墙壁（图 3-28）。

图 3-28　心叶蔓绿绒的叶片

【环保功效】

如你对园艺了解甚少或者你是个刚入门的园艺爱好者，你可以选择种植心叶蔓绿绒，因为它具有很强的生命力，而且可以吸收甲醛，约每小时 $2\mu g$。

【栽培指南】

（1）光照　心叶蔓绿绒可承受半阴环境，但冬季时需要接受较多光照以促使植物生长，各个季节都应避风。

（2）温度　心叶蔓绿绒不耐寒，0℃以下会发生冻害。

（3）浇水　心叶蔓绿绒在生长期内要生出新芽，故需要大量浇水。寒冬时短暂的休眠期间，也要为其提供充足的水分，避免腐殖土完全干燥。从植物上部开始浇水，约 30min 后将托盘内多余的水分排出。

（4）施肥　给幼株心叶蔓绿绒施液体肥料时剂量减半，植株成年时恢复原有剂量。

（5）病虫害防治　真菌病和煤污病会导致心叶蔓绿绒身上出现黑色痕迹。蚜虫和其他吸管昆虫分泌的黏性树蜜会衍生出真菌，这种情况下，可用浸湿的棉布擦拭叶片，并用生物杀虫剂医治植株。如果叶片上出现黄褐色的斑点，这就意味着植物受到了穿堂风的侵袭和气温变化的迫害，过度浇水也可以导致这种现象的出现。

（6）土壤　心叶蔓绿绒适合在湿润的土壤中生长。

（7）繁殖　心叶蔓绿绒的繁殖方法常用扦插、播种、分株和组培繁殖。

（8）摆放位置　心叶蔓绿绒这种生命力顽强的植物在光线不充足的地方也可以生长得很好，可以用来装饰客厅（图3-29）、走廊、门厅或者楼梯间，也可把它摆放在办公室。

图 3-29　心叶蔓绿绒盆栽

十三、"吞噬"甲醛：变叶木

变叶木，也称变色月桂，这种圆形灌木植物的高和宽度根据栽培品种的不同，最高可达1m，叶片为椭圆形或线形，叶脉较深，叶色有绿色、白色、粉色、橘黄色、黄色、红色或玫瑰色条纹，沿叶脉或叶缘分布，或者呈飞溅状分布在叶片上，非常漂亮（图3-30）。现已有一百多种种植品种。

变叶木这种室内植物因形态美丽而备受人们喜爱。叶形多样，叶色鲜艳且随时间推移而变色。然而，它对温度与湿度的要求苛刻，只有细心照料才能保证其生长旺盛。

变叶木种植较广泛的几个品种里，有"红掌"，叶片较宽，卵形，黄色金边；"大吴风草"，叶片上有黄色斑点；"虎尾"，叶片长条状，25cm长，叶片中的叶脉颜色随树龄变化由黄变红。

【环保功效】

由于叶片的蒸腾作用，变叶木有助于改善室内空气质量，增加氧气含量，另外，它还能吸收甲醛，平均每小时吸收 $3\mu g$ 甲醛，若植株生长得好，可达到每小时 $6\mu g$。

图 3-30　变叶木叶片

【栽培指南】

（1）光照　变叶木喜强光，但不接受阳光直射。光线充足、朝西的房间是摆放变叶木的理想地方。

（2）温度　变叶木在冬季所能承受的最低温度为13℃，避开穿堂风并远离热源，以防叶片脱落。

（3）浇水　变叶木喜湿润的土壤，因此春季至夏季要保证充足的水分；相反，冬季温度下降时浇水频率要减少。从顶部浇水，并在30min后将托盘里的多余水分倒掉。如果水分过多，叶片也会脱落。

（4）施肥　对于盆栽的变叶木植株，除了在上盆时添加有机肥料外，在平时的养护过程中，还要进行适当的肥水管理。

（5）病虫害防治　变叶木常见病虫害有黑霉病、炭疽病，可用50％多菌灵可湿性粉剂600倍液喷洒。室内栽培时，由于通风条件差，往往会发生介壳虫和红蜘蛛危害，用40％氧化乐果乳油1000倍液喷杀。

（6）土壤　变叶木植株以肥沃、保水性强的黏质壤土为宜。盆栽变叶木用培养土、腐叶土和粗沙的混合土壤。

（7）繁殖　变叶木常于春末秋初用当年生的枝条进行嫩枝扦插，或于早春用生的枝条进行老枝扦插。

（8）摆放位置　变叶木在温暖、湿润而且光照充足的地方才能使叶片逐渐变色，但要避免阳光直射。因此应摆放在阳台上无太阳直射的地方，也可放置于厨房、浴室或客厅里，如图3-31所示。

十四、"氧气制造机"：橡皮树

橡皮树是抵抗力最强、最常见的室内植物之一，是减轻室内污染的冠军植物。即便疏于打理，生长条件差，光照不强，有穿堂风，甚至是有烟雾环境中，它都可以顽强地存活。

图 3-31　变叶木大型盆栽

尽管天然橡胶树形态庞大，一棵室内植株可高达 1.8m。但在室内只有一根茎能够生长，而且无分枝（需要修剪直立枝的顶端，才能让植物分枝）。橡皮树的体态相对较小的品种成为室内摆放的植物。橡皮树叶片如图 3-32 所示。

图 3-32　橡皮树叶片

【环保功效】

橡皮树可有效吸收室内的化学污染气体，是清洁空气的冠军植物。它能有效地去除甲醛，而且叶片能释放大量氧气，还可吸收灰尘，用干净的布即可擦除叶片上的灰尘。

【栽培指南】

(1) 光照　橡皮树在光照充足的条件下生长旺盛 (图 3-33)，但需避免阳光直射，这会使叶片卷曲掉落。喜微凉的环境，既不耐旱也不耐热。

图 3-33　橡皮树盆栽

(2) 温度　橡皮树的理想温度为 10～15℃，冬季能承受 4℃的低温。

(3) 浇水　橡皮树在春季至秋季需保证土壤湿润。等土壤表面干燥后再进行下一次浇水。冬季浇水过量时根部会腐烂，因此需要更小心谨慎。从顶部浇水并在 30min 后将托盘里多余的水分倒掉。

(4) 施肥　橡皮树在整个生长期内，每次浇水时为植株施加些液体肥料，剂量为正常的一半。

(5) 病虫害防治　橡皮树易患炭疽病，其病原为橡皮树盘长孢菌。防治办法是早春新梢生长后，喷 1％波尔多液。6～9 月每半月喷一次 1％波尔多液或波美度为 0.3 的石硫合剂或 0.5％高锰酸钾。另外，在发病前或初期用 50％托布津可湿性粉剂、退菌特、百菌清、多菌灵等可湿性粉剂 500～800 倍液喷射。

（6）土壤　橡皮树忌黏性土，不耐瘠薄和干旱，喜疏松、肥沃和排水良好的微酸性土壤。

（7）繁殖　橡皮树适合用扦插法与高枝压条法。其中，家庭养花者用高枝压条法繁殖比较方便，成功率也比较高。

（8）摆放位置　在刚刚装修过或刚换过新家具的房间里最好摆放橡皮树，因为它能有效更新室内空气。植株体积增大后，可以把它挪至宽阔的地方，比如宽敞的客厅或阳台上。

十五、除醛"好帮手"：芦荟

芦荟为百合科多年生常绿草本植物，叶簇生、大而肥厚，叶常披针形或叶短宽，边缘有尖齿状刺（图3-34）。花序为总状、穗状、伞形、圆锥形等，色呈红、黄或具赤色斑点，花瓣6片、雌蕊6枚。花被基部多连合成筒状。

图 3-34　芦荟叶片

【环保功效】

芦荟是除甲醛的好帮手。芦荟还可以吸收室内的二氧化碳、二氧化硫等有害气体，从而达到净化室内空气的作用。当室内有害气体浓度较高时，芦荟叶子上会出现斑点。

【栽培指南】

（1）光照　芦荟喜欢阳光，也能忍受半荫蔽环境，在生长期内宜摆放在室外通风良好且阳光充足处。夏天酷热时应适度遮阴，以免植株被强光灼伤。

（2）温度　芦荟喜欢温暖环境，不耐寒，生长的适宜温度是 20～30℃。冬天温度在 10℃上下可以顺利过冬，若低于 5℃就会被冻伤或冻死。

（3）浇水　新栽的芦荟第一周不用浇水，要等新植株根部伤口结膜后再一次性浇足水。芦荟忌水涝，给芦荟浇水应谨记宁干勿湿的原则。

（4）施肥　一般家养芦荟不需要施肥，只在生长季节每半月浇一次淘米水即可。如想让芦荟长得更茂盛，也可以每半月施用一次腐熟的稀释液肥，但切记肥料不宜太浓。

（5）病虫害防治　影响芦荟生长的主要是黑斑病，它不仅发生普遍，而且发生程度较严重。黑斑病的发生和流行主要是因为多雨和低温，一般春季发病明显。在防治措施上，应以预防为主，要采用清沟排渍、降低土壤湿度的农业栽培措施和药剂相结合的综合防治方法，以达到减轻危害的目的。

（6）土壤　家庭进行芦荟盆栽前应先选择好土壤，通常使用等量的腐叶土和粗沙混合而成。在花盆的底部铺上瓦片，在瓦片上面铺放 2～3cm 厚的炉灰渣、石块、碎砖等作为排水层，并在上面铺一层花土。

（7）繁殖　芦荟的繁殖一般采用分株法或扦插法，其中分株法相对简单且成活率高。

（8）摆放位置　观赏芦荟、小型盆栽芦荟放置于案头（图 3-35）和书桌之上，可改善居室环境，令人喜爱；大型盆栽芦荟放在客厅和庭院之中，趣味盎然。

图 3-35　芦荟盆栽

十六、增湿增氧：红掌

红掌在欧美有"热情、热恋、豪放、天长地久"等花语，是狮子座的守护花。

购买红掌盆花时，要求株型丰满，叶片完整，深绿，无病斑，花苞多，花茎直立，充分硬化，不弯曲。购买幼苗以 4～5 片叶，根多色白者为宜（图 3-36）。

图 3-36　红掌

【环保功效】

红掌叶片肥厚，可吸收空气中的苯、三氯乙烯等有害物质。在烟雾缭绕的场所放置一些红掌，不仅可以怡情悦目、增湿增氧，还可以让人们更好地远离二手烟的伤害。

【栽培指南】

（1）光照　红掌在夏季中午前后需注意遮阴，早、晚多见阳光；冬季应给予充足的光照。

（2）温度　观叶的红掌盆景要半阴或荫蔽，而且温度要高一些。一般最低温度不低于16℃。冬季保持 20～22℃的室温，保持高空气湿度。

（3）浇水　红掌在生长期保持盆土湿润，并常向叶面喷雾，保持较高的空气湿度。

（4）施肥　红掌在生长期每月施肥 2 次，用腐熟的饼肥水，或四季用高硝酸钾肥。

（5）病虫害防治　红掌常见炭疽病、叶斑病等危害，可用等量式波尔多液或 65％代森锌可湿性粉剂 500 倍液喷洒。虫害有介壳虫和红蜘蛛危害，用 50％马拉松乳油 1500 倍液喷杀。

（6）土壤　红掌适合的土壤包括泥炭土、腐叶土、水苔、树皮颗粒等混合土。

（7）繁殖　红掌适合用播种和分株繁殖。

① 播种繁殖。盆播，覆土以隐现种子为度。浸盆法浇水。半阴环境保湿，20～25℃条件下，约 15 天发芽。

② 分株繁殖。在 3～4 月份结合换盆进行。每 3 年 1 次，每个分株应带 4～5 片叶子。

（8）摆放位置　红掌盆栽宜摆放在朝东面的房间（图 3-37）。冬季宜放朝南窗台，夏季宜放朝北窗台。

图 3-37　红掌盆栽

十七、"废气转换机"： 中华常春藤

中华常春藤（图 3-38）喜欢攀援墙垣、山石。南方多地栽于建筑物前，为立体绿化的优良植物材料，北方多盆栽。中华常春藤蔓枝密叶，四季常青，风姿飘逸、清新，花小，淡黄白或淡绿白色，芳香，常作为垂植物，吊挂于厅、廊、棚架上，又可立支架点缀客厅、会议室的墙角。小型植株可作为桌饰。

【环保功效】

中华常春藤净化功能较强，能吸收甲醛、氨、三氯乙烯、苯、二甲苯等污染物。能有效抵制尼古丁中的致癌物质，并吸入体内转化为无害的糖分和氨基酸。

【栽培指南】

（1）光照　中华常春藤在春、夏、秋三季可摆放在室内光线明亮区或半阴区培养。摆放在光线明亮区时夏季仍应注意遮阳，避免阳光直射。冬季应摆放在阳光充足区接受阳光照射。

（2）温度　中华常春藤喜温暖、湿润气候及阴湿环境，因能耐短暂 $-7 \sim -5℃$ 低温，一般冬季室温下可以安全越冬。

（3）浇水　中华常春藤冬季休眠期控水，但需注意室内不宜过分干燥。

（4）施肥　中华常春藤生长期 1 个月施 1 次稀薄液肥，保持盆土湿润。冬季停止施肥。

（5）病虫害防治　在春季和冬季，常春藤易出现叶斑病和灰霉病。因此，防治灰霉病，需要在冬季夜间进行加温，缩小昼夜温差。利用 72.2% 的硫酸链霉素稀释 3000 倍喷洒于叶

图 3-38 中华常春藤

片表面，可以防治叶斑病。

（6）土壤 中华常春藤对土壤要求不严，耐瘠薄，能适应石灰质土，但以湿润、疏松、肥沃的中性土或微酸性土最好。盆土用园土、腐叶土各4份和黄沙2份混合配制而成。

（7）繁殖 中华常春藤土培用播种、压条、扦插等法，皆易生根。也可水培。

（8）摆放位置 中华常春藤适宜摆放或垂吊在扶梯边、卫生间、书房。

十八、新房必备：发财树

发财树属于木棉科，爪哇木棉属，常绿灌木或小乔木。原产拉丁美洲、澳洲及太平洋中的一些小岛屿，我国南部热带地区亦有分布。发财树的茎直立，叶大互生，有长柄，掌状复叶，花瓣条裂，花色有红、白或淡黄色，色泽艳丽。

【环保功效】

发财树具有吸收尼古丁和其他有害物质的功效。它能够给吸烟的家庭带来新鲜空气，并且可以通过光合作用转换成植物自身需要的物质。此外，还能吸收甲醛，以及电视、电脑等的辐射，刚装修完的家，放置发财树，最合适不过。

【栽培指南】

（1）光照 发财树为强阳性植物，在海南岛等地均露地种植。但该植物耐阴能力较强，可以在室内光线较弱的地方连续欣赏2～4周。而后放在光线强的地方。

（2）温度 发财树冬季最低温度16～18℃，低于这一温度叶片变黄脱落；10℃以下容易死亡。

（3）浇水 发财树在高温生长期要有充足的水分；但耐旱力较强，数日不浇水不受害。但忌盆内积水。冬季减少浇水。生长时期喜较高的空气温度；可以时常向叶面少量喷水。

（4）施肥 发财树为喜肥花木，发财树生长期，每间隔15天就应施一次腐熟的液肥或育花肥，以促进根深叶茂。

（5）病虫害防治　根腐病是一种严重危害发财树的常见病害，又称为腐烂病。栽培养护中每隔 10～15 天喷施多菌灵、百菌清、甲基托布津等预防叶枯病。

（6）土壤　发财树对盆土要求比较严格，发财树要求黏重、中度肥沃、有良好排水性能的土壤，盆土应以略潮、排水良好为宜，盆土可用含腐殖质的酸性沙壤土。

（7）繁殖　发财树繁殖可用播种或扦插法，种子采收后要立即播下，扦插可于 5～6 月取萌蘖枝作插穗；扦入砂或蛭石中，注意遮阴，保湿，约一个月即可生根。

（8）摆放位置　发财树株型优美，有很强的适应能力，是优良的盆栽植物，可置于有散射光的沙发旁、书桌边、窗台上、电视旁、墙角等地栽培（图 3-39，图 3-40）。

图 3-39　大型发财树盆栽

十九、甲醛"克星"：竹节椰子

竹节椰子又叫夏威夷椰子、竹茎袖珍椰、雪佛里椰子，为袖珍椰。呈丛生状，茎节短似翠竹而挺拔。叶深绿色具光泽，形态刚毅，为室内中型盆栽观叶植物（图 3-41）。

【环保功效】

竹节椰子可以去除苯、三氯乙烯、甲醛等有毒气体。其蒸发量大，具有调节室内湿度和增加负离子的功能。

【栽培指南】

（1）光照　竹节椰子忌强光。生长要求较明亮的散射光，避免强光直射，否则叶色变淡或发黄；耐阴性强，可较长时间在室内光线较暗的环境中生长。

（2）温度　竹节椰子对温度要求为 10℃。耐寒，其生长适温 20～30℃，冬季不低于

图 3-40　水培小型发财树盆栽

图 3-41　竹节椰子

2℃即可。

（3）浇水　竹节椰子在生长期要求经常保持盆土湿润，空气干燥时要经常进行叶面喷水；秋末及冬季适当减少浇水量，保持盆土湿润不干即可。

（4）施肥　竹节椰子在追肥时，可施用腐熟的饼肥（如香油饼、豆饼等），或用经过泡制的饼肥水浇施，亦可使用复合肥等。花前、花后各施肥一次，花期应注意水分供应。

（5）病虫害防治　在高温高湿条件下，竹节椰子可能发生褐斑病和霜霉病，对此可用杀菌剂（如多菌灵或托布津 1000 倍液）喷杀防治。

（6）土壤　喜含腐殖质、排水良好的砂质壤土。盆土用腐叶土、园土各 4 份和黄沙 2 份混合配制成的培养土。在每年 3～10 月的生长旺盛期，每 2～4 周施肥 1 次。

（7）繁殖　竹节椰子用播种、分株法繁殖。

① 播种。成熟种子采收后即播，发芽时间较长，需 3～4 个月，而且发芽不整齐。

② 分株。在春季分割从地下根茎上萌发出的新枝另栽，3～5 根为一丛，少伤根，使每丛保留一定数量的根，有利恢复生长。

（8）摆放位置　竹节椰子适宜摆放在客厅、书房、阳台（图 3-42）。

图 3-42　竹节椰子盆栽

二十、抑制细菌：九里香

九里香为常绿灌木或小乔木。盆栽株高 1～2m，分枝多而密集，直立生长，嫩枝呈圆柱形，表面灰褐色，具纵皱纹。质坚韧，不易折断，断面不平坦。

九里香是羽状复叶互生，有小叶 3～9 片，小叶片呈倒卵形或近菱形，先端钝，急尖或凹入，基部略偏斜，全缘，黄绿色，薄革质，上表面有透明腺点，小叶柄短或近无柄，下部有时被柔毛。聚伞花序，花白色，径约 4cm，花期 7～10 月（图 3-43）。浆果近球形，肉质

图 3-43　九里香花朵

红色，果熟期 10 月至翌年 2 月。果实气香，味苦、辛，有麻舌感。

【环保功效】

九里香对空气中的二氧化硫、氯气有较强的抗性，分泌的挥发油有抑制空气细菌的作用。

【栽培指南】

（1）光照　九里香是阳性树种，宜置于阳光充足、空气流通的地方才能叶茂花繁而香。开花时可移至窗台上，满室芳香，花谢后仍需置于日照充足处。

（2）温度　九里香的生长适温 20～32℃，冬季室温以 5～10℃为宜。一年四季均需放在阳光充足处养护。

（3）浇水　九里香生长期经常向植株洒水，保持盆土湿润，但不可积水，孕蕾时使盆土湿润偏干。

（4）施肥　九里香生长期 15 天施 1 次 5 倍液腐熟饼肥水，4～6 月份每 30 天向叶面喷 1 次 0.2％的磷酸二氢钾溶液。

（5）病虫害防治　九里香盆栽上的介壳虫可人工刮除。防治烟煤病，用清水冲洗植株。

（6）土壤　九里香对土壤要求不严，宜选用含腐殖质丰富、疏松、肥沃的沙质土壤。

（7）繁殖　九里香繁殖可用扦插、分株和压条法，以扦插为主。

① 扦插繁殖。在 6～7 月份进行，选取 1 年生壮枝 10～15cm 长，剪除下部叶片，将插条的 1/3 插入沙内，半阴环境保湿，20℃条件下，约 30 天生根。

② 分株繁殖。于春季用利刃切取从老株根部蘖生的带根子株，用盆另栽。

③ 压条繁殖。一般在雨季进行，将半老化枝条的一部分经环状剥皮或割伤埋入土中，待其生根发芽，于晚秋或翌年春季削离后即可定植。

（8）摆放位置　九里香适于放置在客厅、窗台、阳台的阳光充足处（图 3-44）。

图 3-44 九里香盆栽

二十一、"苯能"净化：巨丝兰

巨丝兰，又名象脚丝兰、荷兰铁、无刺丝兰。为常绿木本植物，在原产地株高可达10m。原产地墨西哥、危地马拉。巨丝兰是由其躯干部分开始生长的，并且 1 次种植，根和叶就可长成。也可将 3 株不同高度的巨丝兰合种，这样感觉更庞大。有些巨丝兰可以达到1.8m 高，如在室内种植则会更高，叶子为深绿色，柳叶状的叶子没有针刺，并可达到 1m（图 3-45）。

【环保功效】

巨丝兰以奇特外形和去除氨气的作用深受人们喜爱，常种植在厨房和浴室。同时，巨丝兰也具有去除苯和一氧化碳的功效。

【栽培指南】

（1）光照　巨丝兰需要充足光源和直射阳光，但也可以在荫蔽环境下生长。要注意将其远离毛玻璃，因为经毛玻璃放大的光照可能灼烧叶子。

（2）温度　巨丝兰需全年保持在平均 18℃ 的环境，但在冬季也可抵御 7℃ 的低温环境。

（3）浇水　巨丝兰在生长期保持土壤湿润，但在下次浇水前土壤需晾干。其肥厚的根，使其在短暂的缺水季节也可生存。在冬季植物休眠后，浇水要十分谨慎。浇水需从顶部开始，并在半小时后将溢出的水用托盘舀出。

（4）施肥　巨丝兰从春季到秋季，每两周为植物施绿色植物专用的液体养料。

（5）病虫害防治　巨丝兰常有褐斑病和叶斑病危害，可用 70% 甲基托布津可湿性粉剂1000 倍液喷洒。虫害有介壳虫、粉虱和夜蛾，可用 50% 马拉硫磷 1500 倍液喷杀。

（6）土壤　巨丝兰主要以肥沃、疏松和排水良好的沙质壤土为宜。

图 3-45　巨丝兰叶片

（7）繁殖　巨丝兰盆栽主要用组织培养法繁殖。

（8）摆放位置　巨丝兰适合放在厨房的窗台边、客厅（图 3-46）、前厅、走廊或是浴室，有助于净化氨气。同时，它也可以在灯光较暗的走廊和楼梯间生长。

二十二、"赶走"毒气：蜀葵

蜀葵，又名一丈红、端午锦、熟季花、花葵，为锦葵科、蜀葵属植物。蜀葵为多年生草本植物，常作为 2 年生栽培。茎高达 1.5～3m，直立，少分枝。全株被柔毛。叶大近圆形，叶柄长，中空，叶缘 5～7 浅裂，边缘具齿，表面粗糙，单叶互生。花色有红、黄、紫、褐、乳白等色（图 3-47）。花期 6～8 月。蜀葵原产我国及中东地区，现世界各地广泛栽培。因最早在我国四川发现，故称蜀葵。

【环保功效】

蜀葵除美化环境和盆栽观赏外，对空气中的有毒气体，如二氧化硫、三氧化硫、氯化氢有较强的抵抗能力。

【栽培指南】

（1）光照　蜀葵喜阳光充足，耐半阴。

图 3-46　巨丝兰盆栽

图 3-47　蜀葵花

（2）温度　黄蜀葵生长温度为 25～30℃，开花期最适合温度 26～28℃，月均温度低于
17℃影响开花，夜间温度低于 14℃生长不良。

（3）浇水　黄蜀葵对水分有一定要求，平时注意浇水，保持土壤湿润，但不能浇水过多。

（4）施肥　蜀葵幼苗生长期应注意施肥、松土，以使植株生长健壮。叶腋形成花芽后，需追施磷、钾肥，并将基部的叶片稍剪去几片。

（5）病虫害防治　蜀葵常见病虫害有炭疽病、灰斑病、黑斑病、蚜虫、蓟马、介壳虫、红蜘蛛等。

（6）土壤　蜀葵喜凉爽气候，忌炎热与霜冻，喜光，略耐阴。在肥沃、深厚、排水良好的土壤中生长良好。

（7）繁殖　蜀葵通常采用播种繁殖，也可进行分株和扦插繁殖。春播、秋播均可。南方常采用秋播，而北方常以春播为主。种子成熟后即可播种，正常情况下种子约7天就可以萌发。分株、扦插多用于优良品种的繁殖。

（8）摆放位置　蜀葵花大，且花色丰富，常列植或丛植于建筑物前；可作为花坛、花境的背景材料，又可用于庭院的绿化美化材料及盆栽观赏。

二十三、"吸毒美人"：大丽花

大丽花，又名大理花、大理菊、天竺牡丹、西番莲。大丽花品种丰富多彩，按花色可分为白、粉、黄、橙、红、紫等。1519年，墨西哥人将野生大丽花从山地引至庭院。我国于19世纪后期引入大丽花，现有品种达700多个。

图 3-48　大丽花

大丽花植株粗壮，花形硕大（图 3-48），花冠工整，容易栽培。大丽花有肉质块根，外形呈纺锤状圆球形。肉质块根含水量高，若土壤黏重，透气性差，易腐烂。大丽花花期为6～8月份，果熟期为8～9月份。近年来，已培育出适合花坛种植的矮生大丽花，株高25～30cm，花叶小，花瓣平展，花径5～6cm，有单瓣、半重瓣、重瓣，花色有白、黄、红、紫等。

【环保功效】

大丽花能吸收空气中的硫化氢、二氧化碳等有毒有害气体，对居住环境起净化作用。

【栽培指南】

(1) 光照　大丽花喜半阴，阳光过强影响开花，光照时间一般 10～12h，培育幼苗时要避免阳光直射。

(2) 温度　大丽花喜欢凉爽的气候，9 月下旬开花最大、最艳、最盛，但不耐霜，霜后茎叶立刻枯萎。生长期内对温度要求不严，8～35℃均能生长，15～25℃为宜。

(3) 浇水　大丽花炎夏季节注意浇水，一旦缺水萎蔫时，不能一次灌足，可分 2～3 次浇足，以便逐渐恢复。因根部为肉质，浇水过多易腐烂，所以要根据其生长状况与气候条件适当浇水。

(4) 施肥　大丽花第一次追肥应在 7 月中旬定植后进行，促进植株健壮，使根深入地下，以备雨季抗涝，立秋后可每周 1 次施肥，连续不断，直到开花。

(5) 病虫害防治　大丽花叶片受害后发生斑点，沿叶脉两侧褐绿，出现半透明的"明脉"，病叶上出现淡黄斑块，叶片皱缩，生长停滞，植株矮小。需要及时喷施 50％马拉硫磷 1000 倍液或 40％乐果 1500 倍液、25％西维因 800 倍液，防治传毒害虫。

(6) 土壤　大丽花适宜栽培于土壤疏松、排水良好的肥沃沙质土壤中。

(7) 繁殖　分根和扦插繁殖是大丽花繁殖的主要方法，大丽花还可通过种子繁殖进行育种。

(8) 摆放位置　大丽花可以盆栽在阳台、屋顶，也可庭院栽植，起到美化环境净化空气的作用。大丽花以种植在室外为主，盆栽观赏，开花时可移入室内摆放（图 3-49）。

图 3-49　大丽花盆栽

二十四、"夜香杀毒"：晚香玉

晚香玉，又名夜来香、月下香，为石蒜科晚香玉属植物。晚香玉原产墨西哥及南美洲，全世界温带地区分布广泛。我国早年就有引种，现全国许多城镇均有栽培。晚香玉为多年生球根类草本植物。地下部分具鳞茎状块茎，上半部为鳞茎状，下半部为块茎状，长圆形，似洋葱和蒜头，下端生根，上端抽出茎叶。

晚香玉是美丽的夏季观赏植物和重要的切花材料（图3-50），可制作花篮、花束或瓶插水养，园林中可成片散植，也可布置花坛，或丛植于石旁、路旁、草坪边缘或游人休息处。因其夜晚特别浓香，故可配置于夜花园作花坛材料。室内如插上几枝，夜间清香阵阵，沁人心脾。花内含有芳香油，可提炼香精。

图3-50　晚香玉花朵

【环保功效】

晚香玉对空气中的有毒气体二氧化硫、二氧化碳等有较强的抵抗能力，是家庭环保花卉的重要花卉之一。

【栽培指南】

（1）光照　晚香玉喜欢温暖湿润和阳光充足的环境。

（2）温度　晚香玉气温适宜，则终年生长，四季开花，但以夏季最盛。

（3）浇水　晚香玉耐湿，但忌积水。随着气温升高，就应增加浇水次数，使其生长迅速，开花旺盛。在炎热的夏季，必须保持土壤湿润。

（4）施肥　晚香玉喜肥，应经常施追肥。一般栽植1个月后施一次，开花前施1次，以后每1个半月或2个月施1次，在雨季注意排水和花茎倒伏。

（5）病虫害防治　晚香玉常见病虫害有灰霉病、叶枯病、刺足根螨、黄胸蓟马、桃蚜、康氏粉蚧、根瘤线虫等。如白粉病发生时可喷洒50%的益发灵可湿性溶剂1000倍液。

（6）土壤　晚香玉对土壤要求不严，而以肥沃、疏松、排水良好略带黏质土壤或砂质壤土为宜。

（7）繁殖　晚香玉常用分球方法进行繁殖。在春季的3～4月，分栽小球或子球，把大小球分开地栽，栽时小球稍栽深些，容易长成大球；大球则应栽浅些，这样有利于长叶开花。

（8）摆放位置　晚香玉由于夜晚开花，香味太浓，所以不适合摆放在卧室，宜摆放在客厅（图3-51）。

图 3-51　晚香玉盆栽

二十五、挡毒"帘帐"：紫藤

紫藤为我国著名观花藤本植物，栽培历史悠久，早在 1200 年前的唐代长安城中，在园圃里就种植紫藤。紫藤又名藤萝、黄环、轿藤。紫藤花枝蔓粗壮，攀缘能力强，花大色美，香气迷人。紫藤花序排列长达 30cm，有花 30～100 朵，极为美丽（图 3-52）。花期 4～5 月，果实 9～10 月成熟，形似蚕豆荚，坚硬，种子扁圆形。

紫藤有多个栽培品种。"一岁藤"有白、紫两种花色，开花多，盆栽最好；"麝香藤"花白色，香味最浓烈，开花也较多，也是盆栽之佳品；"野白玉藤"花初开紫红色，后变成全白色，只适于地栽；"本红玉藤"色桃红，花大，花序短。

【环保功效】

紫藤对有毒、有害的氯气、二氧化硫、氟化氢及铬有较强的抗性。

【栽培指南】

（1）光照　紫藤对气候和土壤的适应性很强，喜光，耐寒，耐旱，也耐阴，但需要强阳光照射和露水滋润才能长势良好。

（2）温度　紫藤的适应能力强，耐热、耐寒，在中国从南到北都有栽培。所以在广东，一年四季的温度都适宜紫藤生长。越冬时应置于 0℃ 左右低温处，保持盆土微湿，使植株充分休眠。

（3）浇水　紫藤的主根很深，所以有较强的耐旱能力，但是喜欢湿润的土壤，然而又不能让根泡在水里，否则会烂根。

（4）施肥　紫藤在一年中施 2～3 次复合肥就基本可以满足需要。萌芽前可施氮肥、过

图 3-52　紫藤花

磷酸钙等。生长期间追肥 2～3 次，用腐熟人粪尿即可。

（5）病虫害防治　应及时防治钻心虫、蚜虫、刺蛾、红蜘蛛等虫疾。

（6）土壤　紫藤是直根系植物，主根发达，侧根很少，适合栽种于肥沃、疏松、土层深厚、排水良好的沙质土壤中。

（7）繁殖　紫藤繁殖容易，可用播种、扦插、压条、分株、嫁接等方法，主要用播种、扦插，但因实生苗培养所需时间长，所以应用最多的是扦插。

（8）摆放位置　紫藤可作庭院、晒台、屋顶绿化的材料，适宜种植于露天场所，尤其宜作棚架垂直绿化，能起到净化空气和美化环境的功用（图 3-53）。

图 3-53　紫藤花架

二十六、吸尘除废：紫薇

紫薇花也叫"百日红"、"痒痒树"，是一种落叶灌木或小乔木，可分为大叶和细叶两种。大叶的紫薇叶如草，花多成簇，极为壮观，是园林绿化中不可缺少的花木之一。细叶的紫薇则枝干光滑，色泽浅褐，姿态扶疏，叶片较小，花粉紫色带红，是最为普遍的一种。

紫薇花期为 7～10 月，连续开花，尤其在炎热的 7～8 月，它能"独占芳菲当夏景"，果熟期为 10 月。紫薇花大多为紫色，也有红、白色，分别为红薇、银薇及翠薇。开花之时，万紫于红竞艳斗秀，达百余天，故有"百日红"的美名（图 3-54）。

图 3-54　紫薇花

【环保功效】

紫薇对氯气、氟化氢、二氧化硫等有毒有害气体具有清除、吸收的作用。尤其是它的叶片有很强的吸收二氧化硫的功能。1kg 叶片能吸收 10g 左右的硫。另外，它也具有吸尘作用，每平方米能吸收 4.5g 左右灰尘，是一种良好的环保花卉。

【栽培指南】

（1）光照　紫薇喜阳光，生长季节必须置室外阳光处。

（2）温度　紫薇属阳性花卉，夏天适当喷雾，以降低周围的温度，有利于新芽的抽生。

（3）浇水　紫薇在春冬两季应保持盆土湿润，夏秋季节每天早晚要浇水一次，干旱高温时每天可适当增加浇水次数，以河水、井水、雨水以及贮存 2～3 天的自来水浇施。

（4）施肥　盆栽紫薇施肥过多，容易引起枝叶徒长，若缺肥反而导致枝条细弱，叶色发黄，整个植株生长势变弱，开花少或不开花。因此，要定期施肥，春夏生长旺季需多施肥，入秋后少施肥，冬季进入休眠期可不施肥。

（5）病虫害防治　紫薇的常见病害为紫薇煤污病。应及时防治蚜虫和蚧虫。如受害植株少，株形小，可人工刮除。如虫害发生量大，则需喷药防治。

（6）土壤　紫薇盆栽不耐涝，喜欢排水良好的肥沃沙质土壤。

（7）繁殖　紫薇常用的繁殖方法为播种和扦插两种方法，其中扦插方法更好，扦插与播种相比成活率更高，植株的开花更早，成株快，而且苗木的生产量也较高。

图 3-55　紫薇盆栽

（8）摆放位置　紫薇适宜种植在庭院的阳光处，尤其适宜种植在工厂、小区、学校、医院等绿化地带。家庭可以用它来制作盆景（图 3-55）。

二十七、消毒"仙子"：水仙花

水仙花（图 3-56）别名很多，有天葱、雅蒜的雅号，还有姚女花、俪兰等美名，更因在冬季开花，又称雪中花。中国的水仙，过去曾被认为是从法国的水仙演化而来的，但据史料记载我国远在六朝时代已开始种植水仙。

水仙花是石蒜科多年生宿根草本植物，有白色的球茎，白色的细根，白色的花朵，碧绿的叶片，十分惹人喜爱。单花期较长，达 15 天左右，为春节"节花"。

水仙花有两个品种十分有名，分别为单瓣水仙和重瓣水仙。单瓣水仙，白色花瓣向四边舒开，中间长着金黄色的花蕊，极像小酒杯，十分迷人；重瓣水仙卷皱的花瓣，层层叠叠，上端素白，下端淡黄，花形奇特，皱卷成簇，玲珑剔透，被称为玉玲珑。

【环保功效】

水仙对空气中的二氧化硫、二氧化碳、一氧化碳等污染气体有很强的抗性。一般作盆栽，摆放室内有光处，除供观赏闻香外，也可净化室内空气。

【栽培指南】

（1）光照　水仙花是短日照植物，每天只要 6h 的光照就能正常发育，但不耐寒。

图 3-56　水仙花

（2）温度　水仙花夜间温度控制在 8～10℃，要想推迟花期可放在阴凉处，要让它提前开花，可把它放在温暖的地方。

（3）浇水　水仙花培育过程应保持湿润，2～3 天换水一次，以防烂根。

图 3-57　水仙花盆栽

图 3-58　水培水仙花盆栽

（4）施肥　水养水仙花不需要肥料就能开花，如在水中加入 0.05％～0.2％ 的稀薄化肥，那么开花会极艳丽，且花期会稍延长。

（5）病虫害防治　水仙主要病虫害有大褐斑病、叶枯病、线虫病、曲霉病、青霉病等。如果水仙患上线虫病初期，可用 50％代森锌 1500 倍水溶液喷洒。

（6）土壤　对土壤的要求，以排水良好、土壤深厚疏松、富含有机质的沙壤土为宜。

（7）繁殖　通常采用分球法进行无性繁殖，繁殖时，将母球两侧分生的小鳞茎（俗称"脚芽"）掰下作种球，另行栽植，从种球至形成能开花的大球需培养 3 年或更长的时间。

（8）摆放位置　水仙花盆栽通常置放在室内有阳光处（图 3-57，图 3-58）。

二十八、抗污染"卫士"：木槿

木槿又名木棉、荆条、篱障花等。高 2～6m，叶薄如纸质，花为钟形，朵大，单瓣或重瓣，花色有紫、粉红、白色等，近基部色深（图 3-59）。每朵花开放约一天，花期为 6～9 月份，果熟期为 9～11 月份。木槿花早晨开，傍晚落，故又称"朝开暮落花"。

我国种植木槿已有数千年历史。木槿为亚热带及温带花木，在我国各地均有栽培。木槿也有多个品种，色彩有白、米黄、淡紫、紫红。花瓣也有单瓣、重瓣、半重瓣。

【环保功效】

木槿对二氧化硫、氯气、氯化氢有吸收和净化作用。另外，还有吸尘的功能。据测定，在距氟化氢污染源 150～200m 的范围内，木槿还能正常生长，它是抗污染性很强的一种花卉。

图 3-59　木槿花

【栽培指南】

（1）光照　木槿喜光，耐半阴环境，喜湿润，也耐干旱贫瘠。

（2）温度　木槿喜温暖，耐寒，在－15℃条件下能越冬。

（3）浇水　木槿冬天休眠可适当少浇水，当天气炎热后一天浇一次。

（4）施肥　当木槿枝条开始萌动时，应及时追肥，以速效肥为主，促进营养生长；现蕾前追施 1～2 次磷、钾肥，促进植株孕蕾。

（5）病虫害防治　木槿的害虫主要为蚜虫，冬天在枝条上越冬，应及时防治。

（6）土壤　木槿适宜种植于向阳、肥沃、排水良好的沙质土壤中。

（7）繁殖　木槿的繁殖方法有播种、压条、扦插、分株，但生产上主要运用扦插繁殖和分株繁殖。

（8）摆放位置　木槿可栽种在室外或庭院内（图 3-60），花期 5 个月，既能观赏，又能保护环境。生活中以种植绿篱，栽植在工厂、学校、小区为主，是良好的绿化环保树种。

图 3-60　木槿盆栽

二十九、汞、铅"克星"：菊花

菊花按植株性状和观赏造型分，有大菊和小菊两大品系。大菊的花和叶硕大，茎粗挺拔，各种栽培造型都以赏花为主，如标本菊、大立菊等；小菊的花和叶纤巧，茎细柔软，栽培观赏以艺术造型为主，如悬崖菊、小菊盆景等。菊花按自然花期分：凡是 10 月 1 日前开花的，通称为早菊；10 月 1 日后至 11 月盛开的，通称为晚菊。

菊花的花型是由花瓣的精细曲直和数量层次种种形态变化形成的（图 3-61）。目前共有 30 个花型，约 2000 个品种，品种名称有的是根据花色、姿容、风韵命名的名称，如"拂尘"、"鼠须"都是菊中花瓣较细的名种；瓣宽超过 5cm 的单轮型名花"帅旗"，意为帅立当中。"案头菊"株高 10cm，花大超过 20cm，雍容华贵，摆在几架台上欣赏，更有情趣。

图 3-61　菊花

【环保功效】

菊花能抵御和吸收家用电器、塑料制品散发在空气中的乙烯、汞、铅等有害气体，而且对二氧化硫、氯化氢、氟化氢等有很强的抗性。

【栽培指南】

（1）光照　菊花为短日照植物，在短日照条件下能提早开花。

（2）温度　菊花的适应性很强，喜凉，较耐寒，生长适温 18～21℃，最高 32℃，最低 10℃，地下根茎耐低温极限一般为－10℃。花期最低夜温 17℃，开花期（中、后）可降至 15～13℃。

（3）浇水　给菊花浇水最好用喷水壶缓缓喷洒，不可用猛水冲浇。浇水除要根据季节决定量和次数外，还要根据天气变化而变化。阴雨天要少浇或不浇；气温高蒸发量大时要多浇，反之则要少浇。

（4）施肥　在菊花植株定植时，盆中要施足底肥。以后可隔 10 天施一次氮肥。

（5）病虫害防治　盆栽菊花的主要病虫害有白粉病、褐斑病、蚜虫、螨类害虫等。多菌灵和甲基托布津等药剂可以作为防治的主要物理方法。

（6）土壤　菊花基质以排水良好、疏松、肥沃的微酸性沙质壤土为宜。一般选用透水、透气性良好的河沙，加园土、腐殖土配制。

（7）繁殖　菊花繁殖很容易，只要信手剪取茎顶的小株埋入土中即能成活；如果以种子播种，要选择春秋季节气温在 15～20℃时，只要半个月，便能发芽。

（8）摆放位置　菊花盆栽，可悬吊在房间的窗台、阳台来美化居室，也可放在卧室、客厅、书房起净化空气的作用（图 3-62）。

图 3-62　菊花盆栽

三十、抗二氧化硫和氯气：石榴

石榴，又名安石榴，有若榴、澳丹、丹若、金罂等别名。石榴在公元前 2 世纪传入中国，距今已有 2000 年的历史。石榴现已有 60 多个品种，分观赏、食用等品种。

果石榴植株高大，花较少，每年只开一次，花期也短，但结果率较高。花石榴植株较小，花多，一年可开几次花，花期长，果小而少。花石榴多数为复瓣花，一般不结果，以花取胜，如重台石榴，中心花瓣密集，隆突异起，层叠如台，花形硕大，蕊珠如火，最惹人喜爱。千瓣白石榴，重瓣白色大花，花期特长，5～7 月均可开花。细叶柔条的火石榴，灌木盆栽，高不过 50～60cm，花赤似火，十分鲜艳。四季开花的月季石榴，花季主要在夏秋两季。

【环保功效】

石榴具有抗空气中的二氧化硫和氯气的作用。1kg 的石榴叶可净化 6g 的二氧化硫。据新的资料表明，石榴还对臭氧、氟化氢有吸收的功能。

【栽培指南】

（1）光照　石榴生长期要求全日照，并且光照越充足，花越多越鲜艳。背风、向阳、干燥的环境有利于花芽形成和开花。光照不足时，会只长叶不开花，影响观赏效果。

（2）温度　石榴适宜生长温度 15～20℃，冬季温度不宜低于−18℃，否则会受到冻害。

（3）浇水　石榴盆栽注意松土除草，经常保持盆土湿润，严防干旱积涝。

（4）施肥　石榴地栽每年须重施一次有机肥料，盆栽 1～2 年需换盆加肥。在生长季节，还应追肥 3～5 次。

（5）病虫害防治　石榴主要应着重于坐果前后两个时期，前期防虫，后期防病害。病害主要有白腐病、黑痘病、炭疽病。病害严重时可喷退菌特、代森锰锌、多菌灵等杀菌剂。

（6）土壤　盆栽石榴土壤要求疏松通气，保肥蓄水，营养丰富。可按园田表土 3 份、腐叶土 3 份、厩肥 2 份、细沙 2 份混匀即可。

（7）繁殖　石榴主要用插枝与压条的方式进行繁殖。

（8）摆放位置　石榴红花绿叶，十分艳丽多姿。盆栽可放在阳台、屋顶、晒台等处观赏，也可制作盆景放在书房、客厅等处（图 3-63）。石榴也可种植于庭院内，一到夏天，大片石榴开花，景色极佳。

图 3-63　石榴盆栽

三十一、氯气"消除机"：米兰

米兰，又名米仔兰、鱼子兰、木株兰、伊兰等。米兰花细如粒粒金粟，所以又被称为"金粟兰"。米兰有株高 5～10m 的大型种，多数是一岁一季开花，又称"树兰"；还有叶小、株秀的小型种，几乎四季开花不断，号称"四季米兰"。米兰没有娇艳的花朵，但香味极浓，尤其是小花，幽香阵阵（图 3-64）。

米兰是四季常青浓香型的木本花卉。米兰开的花呈金黄色，像一串串小米挂在植株顶端，因而得"米兰"美名。米兰产于我国广东、广西、云南、四川等地。东南亚也有分布。

【环保功效】

米兰能吸收空气中的二氧化硫和氯气。据测定，米兰若放置于含氯气的空气中 5h，每

图 3-64　米兰花

1kg 叶就能吸收 0.0048g 氯。同时它的花卉能散发出具有杀菌作用的挥发油，对于净化空气、促进人体健康有很好的作用。

【栽培指南】

（1）光照　米兰喜半阴散光，适于室内种养，喜温暖湿润的气候，不耐寒，喜阳光。

（2）温度　米兰生长适温为 20～25℃，冬季不能低于 5℃，一般应保持室温 10～20℃。

（3）浇水　米兰水分要求适度，过干过湿均会引起叶片脱落，过湿还会引起烂根死亡。冬季不能浇水过多，否则会烂根落叶落花。另外，浇水不足也会出现黄叶、翻卷、落叶现象。

（4）施肥　由于米兰一年内开花次数较多，所以每开过一次花之后，都应及时追肥 2～3 次充分腐熟的稀薄液肥，这样才能开花不绝，香气浓郁。

（5）病虫害防治　米兰的虫害有蚜虫、介壳虫、红蜘蛛等。病害有煤烟病。防治办法可改善环境，用水冲洗叶片、枝干，或用 70％甲基托布津 1000 倍液喷洒。

（6）土壤　米兰喜排水良好、富含腐殖质的微酸性沙壤土。

（7）繁殖　米兰繁殖用扦插、高枝压条或播种。

①压条。以高空压条为主，在梅雨季节选用一年生木质化枝条，于基部 20cm 处作环状剥皮 1cm 宽，用苔藓或泥炭敷于环剥部位，再用薄膜上下扎紧，2～3 个月可以生根。

②扦插。于 6～8 月剪取顶端嫩枝 10cm 左右，插入泥炭中，2 个月后开始生根。

（8）摆放位置　米兰散发的兰花般香味，可净化空气，一般放在阳台、客厅、卧室（图 3-65）。

三十二、客厅“清新剂”：木香

木香，又名蜜香、青木香、五香、五木香、南木香、广木香。产自中国四川、云南。生溪边、路旁或山坡灌丛中，海拔 500～1300m。全国各地均有栽培。干长 3～7m，最长达 10m 以上，枝条为绿色，叶互生，小叶 3～5 枚，卵状披针形，边缘有锯齿。花白色或黄色，直径约 2.5cm，单瓣或重瓣，伞形花序，着于新枝顶端，有芳香（图 3-66）。果实近球

图 3-65　米兰盆栽

图 3-66　木香花

　　形，为红色，重瓣花发育不健全，不能结实。木香花期 5～6 月，果期 9～10 月。

　　木香常见的变种与品种有：白木香，花单瓣，花色为白色；黄木香，花单瓣，花色为黄色；重瓣白木香，花重瓣，花开白色，香味很浓；重瓣黄木香，花开重瓣，花色黄色，香味淡；大花木香，花大，直径可达 5cm 左右，重瓣花朵，香味浓，花期晚。

【环保功效】

木香能抵抗氟化氢、二氧化碳、硫化氢等有害气体的污染，对一氧化碳也有抗性，是一种有效的环保花木。

【栽培指南】

（1）光照　木香花喜阳光充足的环境，耐寒和耐半阴。木香花幼苗期怕直射光，因此要注意生长期的遮阴处理。

（2）温度　木香在0℃以下也会受冻害，若冬天浇水过多，会造成泥土潮湿而烂根、掉叶。

（3）浇水　木香浇水情况因季节而异，冬季休眠期保持土壤湿润，不干透最佳。开春枝条前发，枝叶生长，适当增加水量，每天早晚浇1次水。

（4）施肥　在木香花的生长期间要保持每20～30天施加一次腐熟稀薄液肥。要注意氮肥不宜过多，否则会导致枝叶生长茂盛而开花少。

（5）病虫害防治　木香花的病害主要有根腐病，发现病株要及时拔除，还可以用70%的五氯硝基苯4kg拌在植株的旁边，也可以用福尔马林进行土壤消毒。木香花的虫害主要有银纹夜蛾、黑蚜、短额负蝗等，可以用80%的敌百虫800～1000倍喷杀。

（6）土壤　木香花不畏炎热，但忌潮湿水涝，喜欢排水透气良好而又肥沃的沙质土壤。

（7）繁殖　木香花主要是用扦插、压条和嫁接的方式进行繁殖的。扦插的成活率较高，扦插时间一般在12月初。

（8）摆放位置　木香盆栽布置于客厅、走道内，富有热带情趣。

三十三、氟化氢终结者：海棠

海棠是中国的观赏名花，它栽培历史悠久，是园林中的珍品。花开在4～5月，花色极艳丽动人（图3-67），常见观赏品种为垂丝海棠，是园林中的珍品。另外还有西府海棠、贴梗海棠、云南海棠、白海棠等。

垂丝海棠，其花梗细长下垂，树姿疏散，花蕾如胭脂点点，十分细腻，艳如朝霞，形似小莲花。变种有重瓣和白色两种，是园林、庭院的著名花木，也有盆景种植。

西府海棠，是园林观赏中的名品，花淡红色，极为美丽。原产于河北省，果实可以食用，现南北各地园林均有栽培。它是海棠花和山荆子的天然杂交种。

贴梗海棠4月开花，秋季结实，其花梗极短，花簇生，花为绯红色或白色，果实呈梨果形，长12～15cm。贴梗海棠可制作盆景观赏。

【环保功效】

海棠对室内氟化氢、二氧化硫有较强的抗性和吸收作用。

【栽培指南】

（1）光照　海棠喜阳光，不耐阴，需经常放置在阳光能照到的地方，在阴凉的地方容易生长不良。但是如果夏天正午阳光较毒时，应给予一些遮挡，以免灼伤花叶。

（2）温度　海棠多喜阴湿，夏季忌高温，温度高于32℃时生长不良。

（3）浇水　海棠具体浇水应视天气而定，应保持盆土的湿润，但不能积水，最好不要淋雨，以免水过多导致烂根，太寒冷时不要浇水。

（4）施肥　海棠开花前要及时施肥，可用腐殖土或成熟的有机肥。秋后落叶时需再施一次肥，使其来年萌发强壮，叶多。

图 3-67　娇艳的海棠花

（5）病虫害防治　西府海棠盆景的主要病害是赤星病，可使用石硫合剂、托布津等药剂防治；主要虫害有蚜虫、介壳虫、梨网蝽、刺蛾、天牛等，可使用敌敌畏、溴氰菊酯、辛硫磷、氯氰菊酯等药剂防治。

（6）土壤　海棠种植在天然肥沃、深厚、排水良好的微酸性中性的沙土为好。

（7）繁殖　海棠的繁殖方法因类型不同有别，有嫁接、压条、扦插、分株、播种繁殖等方法。

（8）摆放位置　海棠盆栽或制成盆景可放在庭院、客厅、阳台等处赏玩（图 3-68）。

图 3-68　贴梗海棠盆栽

三十四、除醛平民草：绿萝

绿萝为天南星科常绿藤本植物。绿萝叶色黄绿、黄白相间，叶形优美，茎蔓飘逸潇洒，别有一番情趣。

它萝茎细软叶环保学家发现，一盆绿萝摆放在 $8\sim10m^2$ 的房间内就相当于安装了一台空气净化器，能有效吸收空气中的甲醛、苯和三氯乙烯等有害气体，净化能力不亚于常春藤和吊兰。

【环保功效】

绿萝是一种非常优良的室内装饰绿植。片娇秀，如果用作吊盆观赏，蔓茎自然下垂，整体看起来宛如翠色浮雕。花市上的绿萝品种除了最常见的叶片上带有黄色斑纹的黄金葛外，还有带青白色斑纹或斑点的白金葛，比黄金葛更显雅致和洋气，非常适合年轻花友用来装饰小巧精致型的居室。

绿萝在植物世界里实在算不上很起眼，但在浴室绿饰中却可大显身手。吊挂式的花盆显得清新、整洁，并且移动性也非常好。白色藤篮花艺小品与这一抹绿意相互呼应，也令空间里的西洋气质轻松倍增。

【栽培指南】

（1）光照　绿萝的原始生长条件是参天大树遮蔽的树林中，向阳性并不强。但在秋冬季的北方，为补充温度及光合作用的不足，却应增大它的光照度。方法是把绿萝摆放到室内光照最好的地方，或在正午时搬到密封的阳台上晒太阳。同时，温度低的时候要尽量少开窗，因为极短的时间内，叶片就可能被冻伤。

（2）温度　在北方，室温 10℃ 以上，绿萝可以安全过冬，室温在 20℃ 以上，绿萝可以正常生长。一般家庭达到这个温度问题不大，需要注意的是要避免温差过大，同时也要注意叶子不要靠近供暖设备。

（3）浇水　绿萝在生长期要保持土壤湿润，土壤过干影响植株生长，冬季休眠，盆土半干即可，过湿和低温，极易烂根。适度往绿萝叶面喷水或者常用干净湿布擦拭，保持叶面清洁亮泽。

（4）施肥　北方的秋冬季节，植物多生长缓慢甚至停止生长，因此应减少施肥。入冬前，以浇喷液态无机肥为主，时间是 15 天左右一次。入冬后，施肥以叶面喷施为主，通过叶面上的气孔喷施为主，通过叶面上的气孔吸收肥料，肥效可直接作用于叶面。叶面肥要用专用肥，普通无机肥不易被叶面吸收。

（5）病虫害防治　绿萝常见的病害有叶斑病和根腐病。防治方法为清除病叶，注意通风。发病期喷 50％多菌灵可湿性粉剂 500 倍液，并可灌根。

（6）土壤　绿萝对土壤要求不严，盆栽可用腐叶土或泥炭土加珍珠岩混合配制成营养土。

（7）繁殖　日常可适当修剪，如枝条过长，可进行短截，以保持株形优美飘逸。盆栽苗当苗长出栽培柱 30cm 时应剪除；当脚叶脱落达 30％～50％ 时，应废弃重栽。绿柱式盆栽是庭院门柱、墙面绿化的理想植物，其叶亦是插花配叶的佳品。

（8）摆放位置　绿萝不能长时间晒太阳。绿萝底部黄叶为正常新陈代谢。一般把绿萝放在离窗户 2m 左右的地方，明亮、光照柔和即可（图 3-69）。

图 3-69　室内绿萝盆栽

第四章
能去除生物污染的花卉植物

室内的生物性污染来源很多，家庭饲养的猫、狗和家禽宠物等给室内带来病原微生物、寄生虫等；来自于室内尘埃、地毯、鸟兽羽毛以及被褥等床上用品中的螨虫和真菌等过敏原都可引发人体过敏反应，最常见的是过敏性鼻炎和过敏性皮肤病，但其主要来源是寄生于地毯、沙发、被褥、枕头、衣物、毛绒玩具中的螨虫及其他细菌。

第一节　小心室内生物污染

室内环境中的生物污染包括真菌、过滤性病毒、细菌以及尘螨等，种类繁多，且来自多种污染源头，这些室内污染物可以导致过呼吸道疾病及敏性疾病等。本节主要介绍室内生物污染以及常见生物污染物对人体的危害与预防对策。

一、不能小觑的生物污染

生物污染，又可分为动物、植物和微生物污染。生物污染包括生物代谢、排泄物及所携带微生物等。如居室内蚊、蝇、跳蚤、白蚁等都属生物污染，它们的卵、粪便、唾液、碎片及所携带微生物也属生物污染。

人们把一部分对人类有致病性的微生物称为人类病原微生物，当空气中含有病原微生物时，可造成疾病传播，危害人类健康。如引起人类、动物、植物生病，使衣、食、住受到污染等。作为微生物感染症有肺炎、霍乱、疟疾、结核、肝炎等。近年来，又出现了大量新的病症：非典型性肺炎、甲型流感、禽流感、艾滋病、埃博拉出血热，由黄色葡萄球菌引起的医院内感染，病原性大肠杆菌、博茨里奴斯菌、沙门杆菌引起的食物中毒。

由于人在室内的活动使各种病原微生物进入空气引起的室内环境中的生物性污染，这很容易引发疾病流行。因此室内空气微生物质量越来越引起人们重视。病人或病原携带者通过咳嗽和喷嚏使口腔中唾液和鼻腔中的分泌物形成飞沫飘浮在空中，悬浮时间可达几小时。说话时也可形成飞沫并排入空气中。

一般病原微生物因为太阳光照、温度、湿度、气体流动等因素不能在空气中繁殖。但在室内，尤其是拥挤、通风不良、阴暗肮脏的空气中，会有较多的病原微生物短期存在，如白喉杆菌、溶血性链球菌、结核杆菌等，从而引发疾病的传播。评价室内环境状况的一个重要指标就是居室中微生物量的含量。

二、认识常见的生物污染

从调查看，在目前写字楼和家庭中，有损人体健康的室内空气生物污染因子主要有以下几种。

1. 霉菌

霉菌可在温暖潮湿的空气中迅速繁殖，人体沾染霉菌，会引起恶心、呕吐、腹痛等症状，严重的会患肠道疾病及呼吸道，如痢疾、哮喘等。

2. 尘螨

尘螨是节肢很小，肉眼是不易发现的最常见的空气微小生物之一。过敏性疾病一般是由尘螨引起的，室内空气中尘螨的数量与室内的温度、湿度和清洁程度相关。

3. 军团菌

目前已知军团菌是一类细菌，可寄生于天然淡水和人工管道水中，也可在土壤中生存。

4. 动物皮屑等物质

近年来，越来越多的人把喂养宠物当做自己的兴趣爱好。但是宠物的皮屑、毛、唾液、尿液等引发的空气的污染也会给人们带来健康危害，主要是可以使人产生变态反应。

5. 可吸入颗粒物

可吸入颗粒物也属于室内环境物理污染的范畴，但以前人们并未充分认识到室内空气中可吸入颗粒物的危害，认为呼吸道疾病的传染与室内的可吸入颗粒物无关，只是由于直接接触病人呼出病菌导致的。殊不知，细菌可以附着于细小尘粒在空气中飘浮，这种细小尘粒带着病菌被接触者吸入而染病，成为室内环境生物污染的载体。

第二节 能杀菌消毒的花卉植物

花卉植物数不胜数，其中有专门作观赏之用的；有可以吸收甲醛等有害气体的；还有一类植物能够对室内空气进行绿色无污染的杀菌消毒，本节主要介绍这一类具有杀菌消毒功能的绿植，诸如石竹、铃兰等绿植的环保功效以及栽培指南。

一、抗病菌植物：石竹

石竹（图 4-1）为石竹科石竹属多年生草本植物，全株无毛，茎由根茎生出，直立丛生，枝上有分枝。叶片线状披针形，顶端渐尖，基部稍狭，花单生枝端或数花集成聚伞花序，花色有白、橙、黄、粉、蓝、红、粉红、大红、淡紫、紫等。

【环保功效】

石竹可以吸收二氧化硫、氯化物等，其叶子与根部的气孔可以吸收对人体有害的物质，并将这些有害物质转化为氧气、糖和各种氨基酸，而且其还能散发一股淡淡的香味，产生挥发性油类，具有显著的杀菌作用，可以对结核杆菌、肺炎球菌、葡萄球菌起到抑制作用。让家人远离病菌，常保健康。

【栽培指南】

（1）光照 石竹在生长期要求光照充足，摆放在阳光充足的地方，夏季以散射光为宜，避免烈日暴晒。

（2）温度 石竹生长适宜温度 15～20℃。冬季应放温室，温度保持在 12℃ 以上。温度高时要遮阴、降温。

图 4-1　石竹花

（3）浇水　石竹浇水应掌握不干不浇。当株高 10cm 时再移栽 1 次。秋季播种的石竹，11～12 月浇防冻水，第 2 年春天浇返青水。

（4）施肥　石竹在整个生长期要追肥 2～3 次腐熟的肥料或饼肥。

（5）病虫害防治　石竹常有锈病和红蜘蛛危害。防治锈病，可喷五氯酚钠 200～300 倍液；防治红蜘蛛虫害，可在越冬卵孵化前刮树皮并集中烧毁，刮皮后在树干涂白（石灰水）杀死大部分越冬卵。

（6）土壤　石竹要求肥沃、疏松、排水良好及含石灰质的壤土或沙质壤土。

（7）繁殖　石竹常用播种、扦插和分株繁殖。种子发芽最适温度为 21～22℃。播种繁殖一般在 9 月进行。

（8）摆放位置　石竹的茎具节，像竹子一样，让人觉得高洁；其带有各种颜色的花朵，特别是花瓣在阳光下会有绒光的感觉，惹人喜爱。适合摆放在欧式古典风格或者温馨柔和的现代风格的家居中，可置于花园、阳台、卧室等处，别有一番雅致的感觉（图 4-2）。

二、吸尘杀菌：铃兰

铃兰（图 4-3），又名君影草、山谷百合、风铃草，是铃兰属中唯一的种。味甜，有很大的毒性。为百合科铃兰属多年生草本植物。地下有多分枝而匍匐平展的根状茎，叶椭圆形或卵状披针形，先端近尖，基部楔形，基部有数枚鞘状的膜质鳞片，花钟状，下垂，花色白。

【环保功效】

铃兰可以吸收二氧化碳，释放氧气，增加室内空气中的负离子。也可以截留和吸纳空气中的漂浮微粒和烟尘，减少尘埃对家居的影响。不仅如此，其散发的浓郁香气，所产生的挥发性油类具有明显的杀菌作用。对结核杆菌、肺炎球菌和葡萄球菌的生长繁殖有抑制的功能。

【栽培指南】

（1）光照　铃兰上盆置背风，适当浇水并置阴暗处，经 10～15 天后逐渐移至向光处。

图 4-2 石竹盆栽

图 4-3 铃兰花

（2）温度 铃兰保持在 12～14℃，经 10～15 天后移至阳光下养护，室温提高到 20～22℃。

（3）浇水 铃兰应每天浇水 1～2 次，生长期间根据天气情况和土壤酌情补充水分。

（4）施肥 铃兰每隔 10～15 天施一次稀薄饼肥水或复合液肥，每次浇水施肥后要及时中耕除草。

（5）病虫害防治　铃兰在栽培区，没有发现病虫害，一般不用药剂防治。

（6）土壤　铃兰对土壤要求不太严格。只需要土质疏松、肥沃及排水良好的土壤。

（7）繁殖　铃兰常用根状茎或幼芽分株繁殖，也可用播种繁殖。分株于秋季地上部枯萎后，掘起根部，将带有一段根状茎的顶芽剪下，单独种植即可。

（8）摆放位置　铃兰叶子青翠欲滴，花色洁白如玉，看起来小巧精致，可以作为盆栽观赏，适合放在桌子、茶几、花架、角柜上，作为家具的点缀（图4-4）。

图4-4　水培铃兰盆栽

三、灰尘过滤能手：风信子

风信子（图4-5）为风信子科风信子属多年生草本植物。球形的鳞茎，植株高约10cm，叶狭披针形，肥厚无柄，花芳香，有紫、玫瑰红、粉红、黄、白、蓝等色（图4-6）。

【环保功效】

风信子具有过滤灰尘的作用，且其花香能够消除异味抑制细菌生长，并有舒解压力、消除沮丧、振奋精神、增强免疫系统功能、镇静情绪、平衡身心、舒缓压力、消除身心疲劳、促进睡眠的功效。

【栽培指南】

（1）光照　风信子只需在光照5000lx以上，就可保持正常生理活动。光照过弱，会导致植株瘦弱、茎过长、花苞小、花早谢、叶发黄等情况发生，可用白炽灯在1m左右处补光；但光照过强也会引起叶片和花瓣灼伤或花期缩短。

（2）温度　风信子在生长过程中，鳞茎在2～6℃低温时根系生长最好。芽萌动适温为5～10℃，叶片生长适温为5～12℃，现蕾开花期以15～18℃最有利。鳞茎的贮藏温度为20～28℃，最适为25℃，对花芽分化最为理想。

（3）浇水　风信子第一次可以浇透，以后根据各地情况不同，浇水有所差异，而且浇水的时候不要淋到球身上，这样容易引起烂球，而且不要积水，浇过多的水，也会引起烂根。

图 4-5　风信子花

图 4-6　蓝色风信子盆栽

（4）施肥　种植风信子前需要施足基肥。

（5）病虫害防治　风信子常见的病害有芽腐烂病、软腐病、菌核病和病毒病。种植前基质严格消毒，种球清选并作消毒处理，生长期间每 7 天喷一次 1000 倍退菌特或百菌清，交替使用，可以在一定程度上抑制病菌的传播。

（6）土壤　风信子应选择排水良好、不太干燥的沙质壤土为宜，要求土壤肥沃，有机质含量高，团粒结构好，中性至微碱性的土壤。

（7）繁殖　风信子主要用分球与播种法进行繁殖。

（8）摆放位置　风信子叶子光洁鲜嫩，花姿美丽，色彩绚丽，相互衬托，形成了别具一格的景致，是重要的盆栽观赏植物。可置于家中可放在窗台、餐桌、书桌、茶几、梳妆台等地，亦可作插花或水培观赏。

四、消毒杀菌：玫瑰

玫瑰为蔷薇科蔷薇属落叶灌木，枝干多针刺，奇数羽状复叶，椭圆形，有边刺。花瓣倒卵形，重瓣至半重瓣，花有紫红色、白色、蓝色等。

玫瑰作为农作物时，其花朵主要用于食品及提炼香精玫瑰油，玫瑰油应用于化妆品、食品、精细化工等工业。

【环保功效】

玫瑰有消毒杀菌的功效。花期玫瑰可分泌植物杀菌素，杀死空气中大量的病原菌，有益人们的身体健康。

【栽培指南】

（1）光照　玫瑰向阳长势会比较猛，花期会比较长，因此建议把玫瑰放在阳台等向阳的地方。

（2）温度　玫瑰的适宜生长温度为 15～24℃，冬季室内温度保持 12℃以上，若盆土干燥，也能在温度 7～8℃条件下安全越冬。

（3）浇水　玫瑰浇水不宜太多。

（4）施肥　一星期对盆栽进行一次施肥为最佳。

（5）病虫害防治　玫瑰常见的病害主要有锈病、白粉病、褐斑病等，发病前和发病期可摘除病芽并深埋，减少病原菌的扩散和蔓延。

（6）土壤　玫瑰喜排水良好、疏松肥沃的壤土或轻壤土，在黏壤土中生长不良，开花不佳。

（7）繁殖　玫瑰主要通过扦插、嫁接、分株等方法繁殖。

（8）摆放位置　盆栽玫瑰开花时可放置于茶几、书桌、餐桌、窗台（图 4-7）。也可以将花剪下插在花瓶中，放在客厅显眼处观赏，十分美丽。

五、吸滞粉尘：桂花

桂花（图 4-8）为木樨科木樨属常绿乔木或灌木。其树皮灰褐色。小枝黄褐色，无毛。叶片革质，椭圆形、长椭圆形或椭圆状披针形，先端渐尖，基部渐狭呈楔形或宽楔形，全缘或通常上半部具细锯齿，两面无毛。聚伞花序簇生于叶腋，花极芳香，花冠黄白色、淡黄色、黄色或橘红色。

图 4-7　玫瑰花盆栽

图 4-8　桂花

【环保功效】

桂花的香味浓郁又不失淡雅，还可以净化房内的空气。桂花长期放在家里，可以吸附家中的异味，通过光合作用释放出干净的氧气和阵阵的幽香。桂花不但可以吸收氯气、二氧化硫、氟化氢等有害气体，而且还可以抵制葡萄球菌、结核杆菌、肺炎球菌的侵蚀，对人的身体健康有极大好处。

【栽培指南】

（1）光照　桂花喜阳光，好温暖，耐高温，但不耐寒。在生长期中，应置于背风向阳处养护。6～8 月，是桂花花芽分化形成期，每天如能给足 10h 左右的充足阳光，可促进孕蕾及提高开花率。

（2）温度　桂花喜温暖湿润的环境，最适合生长气温是 15～28℃，冬季能耐最低气温－13℃而生长良好，夏季气温不要超过 35℃。

（3）浇水　桂花喜欢高温、干燥，所以浇水一定要掌握"二少一多"的原则，也就是新梢萌发前要少浇，阴雨天也少浇，夏秋季干旱要多浇，而平时浇水则以保持土壤含水量50%左右为好。

（4）施肥　桂花喜欢有机肥。桂花春天发芽以后每隔10天左右施一次充分腐熟的稀薄饼肥水或猪粪液。7月以后施复合有机肥最佳。

（5）病虫害防治　桂花的病虫害很多，这里不再一一举例说明。平时要注意观察，及时喷药防治。

（6）土壤　桂花喜欢微酸性的土壤，所以盆土可用腐殖土或泥炭、园土、沙土或河沙（比例为5∶3∶2）混合。

（7）繁殖　桂花可用播种法、嫁接法、扦插法、压条法等方式进行繁殖。

（8）摆放位置　盆栽桂花可放在阳台养护，这样可以充分接受光照。在冬季搬入室内置于散光照射处，放在客厅、卧室、餐厅均可（图4-9）。

图4-9　桂花盆栽

六、净化杀菌：非洲紫罗兰

非洲紫罗兰，又名草桂花、香瓜球、非洲槿等。非洲紫罗兰植株矮小，花瓣、花型各有不同，花色有白、红、青、紫、浓紫等色。据说，它是1892年被德国植物学家圣保罗发现的，因此，又有人叫它"圣保罗花"。

非洲紫罗兰原产于非洲热带的阴凉山坡地，我国有广泛的栽种品种。世界上爱好这种花的人特别多，美国还成立了全国性的非洲紫罗兰协会。

【环保功效】

非洲紫罗兰散发的香气有明显的杀菌作用，对结核杆菌、肺炎球菌和葡萄球菌有明显的抑制作用，可起到净化空气、杀死病菌的作用。

【栽培指南】

（1）光照　非洲紫罗兰在室内明亮处皆可生长，窗台的日照刚好；若放在书桌前，可加上植物灯补充光线，可让花期延长，开花不断。

（2）温度　非洲紫罗兰白天适温为 22～25℃，夜间 18℃左右，16℃以下生长缓慢，低于 10℃叶片就会受冻害。

（3）浇水　非洲紫罗兰在生长期不能浇水过勤，但要保持湿度。

（4）施肥　非洲紫罗兰较需肥，最好 10～20 天补充液肥一次，少量多次施肥；进入花期时应补充磷钾肥，若氮肥太多，反面促使叶子茂盛而不开花。可用泥炭土混合蛭石、珍珠石来当介质。

（5）病虫害防治　非洲紫罗兰要注意防菌核病、黑腐病、食心虫及小菜蛾等病虫害。

（6）土壤　非洲紫罗兰需要肥沃、疏松湿润、排水良好、中性或微酸性的土壤。

（7）繁殖　大批繁殖非洲紫罗兰现多用组织培养法，较先进且快速。

（8）摆放位置　非洲紫罗兰以盆栽为多见，可布置于室内的窗台、书房、卧室的茶几上，也可放在会客厅（图 4-10）。

图 4-10　非洲紫罗兰盆栽

七、抗氯杀菌：含笑

含笑花（图 4-11）是常绿灌木，郁郁葱葱，叶绿光亮，花开时呈半开状下垂，既含羞又似笑非笑，招人爱怜。每朵花开 3～4 天，全株花开 40 多天，花期 4～5 月。含笑花原产中国华南南部各省区，广东鼎湖山有野生，生于阴坡杂木林中。

【环保功效】

含笑对氯气抗性强，花具挥发性芳香油，能杀灭肺结核杆菌、肺炎球菌。

图 4-11　含笑花

【栽培指南】

（1）光照　含笑喜半阴，怕强光暴晒，喜温暖、湿润气候，尚耐寒。室内盆栽可摆放在散射光较多的光线明亮区（图 4-12）。夏季要适当遮阳，避免强光直射。

图 4-12　含笑花盆栽

（2）温度　含笑花在冬季室温宜保持在 5～15℃，温度过低易受冻害。受寒可用塑料袋套盆，并摆放在室内阳光充足区养护。

（3）浇水　含笑花平时要保持盆土湿润，但决不宜过湿。因其根部多为肉质，如浇水太多或雨后盆涝会照成烂根，故阴雨季节要注意控制湿度。

（4）施肥　含笑花喜肥，多用腐熟饼肥、骨粉、鸡鸭粪和鱼肚肠等沤肥掺水施用，在生长季节（4～9 月）每隔 15 天左右施一次肥，开花期和 10 月份以后停止施肥。若发现叶色不明亮浓绿，可施一次矾肥水。

（5）病虫害治理　主要的病害有黑霉病、黄化病等，可喷洒 0.5 度波尔多液，或用 5%

的酒精擦洗霉污；用 0.1％～0.2％硫酸亚铁溶液喷施防治黄化病。主要害虫有介壳虫、蚜虫及红蜘蛛等，可用 80％敌敌畏 1000～1500 倍液喷杀。

（6）土壤　含笑喜深厚肥沃的微酸性土。盆土用腐叶土 6 份和园土、黄沙各 2 份混合配制成的培养土。5～9 月的生长期每月施稀薄液肥 1 次。

（7）繁殖　含笑常用扦插、压条方法。

① 扦插。花谢后进行软枝扦插，剪取 8～10cm 长枝条，上端叶片留下，插入盆土中，保持盆土湿润，遮阳，插后约 4 个月生根。

② 压条。梅雨季节进行高空压条，约 2 个月生长。

（8）摆放位置　含笑为室内中、小型盆栽花木，适宜摆放在客厅、卫生间。

八、杀菌抑菌：文竹

文竹，又名云片竹。为多年生常绿草本，花近白色，浆果球形，种子黑色。文竹似竹非竹，犹如云片般的纤细枝叶，展绿叠翠，柔姿情影，胜似翠竹。其嫩茎纤细而平滑，分枝甚多，小枝翠绿色，往往被人们误认为是叶子，其实真正的叶呈细小的鳞片状。文竹颇有娴静高雅的神韵，使人赏心悦目。

【环保功效】

文竹对二氧化硫的抗性强，夜晚能吸收二氧化碳、二氧化硫等有害气体。株体散出的气体具有杀菌抑菌的功能。

【栽培指南】

（1）光照　文竹养殖不能拿到烈日下暴晒，炎热季节，应放置于阴凉通风之处。同时，文竹开花期既怕风，又怕雨，要注意通风良好，好天气时可适当置于室外接受阳光照射。

（2）温度　文竹盆栽在冬季室温保持在 5℃左右，并摆放在阳光充足区，可以安全越冬。

（3）浇水　文竹平日浇水要干湿相间，不干不浇，浇则浇透，不能浇"半截水"，更不能长期过湿、积水，否则肉质根系生长不良而导致烂根。酷暑干旱季节，除保持盆土湿润外，还要向枝叶及四周环境喷水。

（4）施肥　文竹在春、秋生长期，每 10 天施 1 次肥，以氮、钾肥为主，花期前增施磷肥。夏季高温停止施肥，以免伤根。

（5）病虫害防治　文竹夏季易发生介壳虫、蚜虫等虫害，可用 40％氧化乐果 1000 倍液喷杀。

（6）土壤　文竹喜含腐殖质丰富、疏松、排水良好的土壤；根部略具肉质，忌空气干燥。盆土用园土、腐叶土各 4 份和黄沙 2 份混合配制成的培养土。

（7）繁殖　文竹土培常用播种、分株法，也可水培。较易水培。其中的分株繁殖常结合春季换盆进行，挖出整株，用利刃分成若干丛，分别盆栽，但分株所获苗株，株形常不端正，而且成活率低，较少采用。

（8）摆放位置　文竹以盆栽观叶为主，清新淡雅，布置书房更显书卷气息。稍大的盘株可置于窗台，大型盆株加设支架，使其叶片均匀分布，可陈设在墙角处（图 4-13）。

九、环保杀菌剂：天门冬

天门冬，又名天冬草、武竹，为百合科多年生半蔓性常绿草本。夏季花期，花小，白色

图 4-13　文竹盆栽

或红色，浆果红色。

【环保功效】

天门冬对氟化氢抗性强，还具清除重金属微粒的功能。株体能散发出具有杀菌功能的气体。

【栽培指南】

（1）光照　室内天门冬盆栽可全年摆放在光线明亮区，但夏季要避免强光直射，需遮阳。冬季可摆放在阳光充足区，室温 3℃ 以上能安全越冬。

（2）温度　天门冬喜温暖湿润环境，喜阳光，畏强光直射，耐半阴。不耐旱，具肉质根。

（3）浇水　天门冬在春季每 2～3 天浇 1 次透水，夏季每天浇 1 次水，但不得积水，因是肉质根，积水会烂根。气候干燥时，除向盆土浇水外，还需向枝叶喷水，并向四周地面洒水，既增加空气湿度，又能保持枝叶清新。

（4）施肥　天门冬 5～9 月生长旺盛期，每隔 15～20 天施 1 次以氮、钾为主的薄肥，有利枝干茂盛、挺直、翠绿。

（5）病虫害防治　天门冬的虫害有红蜘蛛、蚜虫；病害有根腐病。防治根腐病的方法是做好排水工作，在病株周围撒些生石灰粉。

（6）土壤　天门冬对土壤要求不高，以疏松、肥沃的砂质壤土为好。盆土用园土、腐叶土各 4 份和黄沙 2 份混合配制成的培养土。

（7）繁殖　天门冬主要是播种与分株繁殖。

① 播种　春播，播后 20～30 天生根发芽。

② 分株　结合春季换盆进行，用刀将整株分割成数小丛，分别盆栽。

（8）摆放位置　天门冬在夏季，应放在室内通风处，或者窗台、阳台、庭院轮流调换摆放。最好晚上能把天门冬盆景放到室外，就可使植株生长茂盛（图 4-14）。

十、消毒抑菌：蟆叶秋海棠

蟆叶秋海棠（图 4-15）又称王秋海棠、毛叶秋海棠，为秋海棠科秋海棠属多年生常绿草

图 4-14　天门冬盆栽

图 4-15　蟆叶秋海棠

本观叶植物。它的叶片有绚丽的彩虹斑纹，艳而不俗，华丽而不失端庄，极为美丽。蟆叶秋海棠是秋海棠中最具特色的栽培品种，也是重要的喜阴盆栽观叶植物。

【环保功效】

蟆叶秋海棠会吸收居室里的甲醛、二氧化碳、二氧化硫等有毒有害气体，有杀菌和抑菌作用。

【栽培指南】

（1）光照　蟆叶秋海棠在春、夏、秋三季可摆放在室内光照明亮区培养，但夏季要注意遮阳，避免强光直射，而冬季可摆放在室内阳光充足区接受阳光照射。

（2）温度　蟆叶秋海棠性喜温暖、空气湿度大的环境。室温保持在10℃以上，可安全越冬。当室温下降时，可用塑料薄膜套住保温防寒，并且每隔3～5天用温水洗叶片除去灰尘。喜半阴，忌强光直射，不耐高温，不耐寒。

（3）浇水　蟆叶秋海棠在生长期保持盆土湿润，但不得过湿或积水。高温天气时，每天向叶面喷水2～3次，增湿降温。喷水时也应注意不得使盆土过湿。冬季要控制水分。

（4）施肥　蟆叶秋海棠在生长期每半个月施1次以氮为主的液肥，施肥后立即喷水，除去叶片上沾有的肥水。冬季停止施肥。

（5）病虫害防治　蟆叶秋海棠注意蓟马、灰霉病、白粉病、叶斑病的防治。

（6）土壤　蟆叶秋海棠喜含腐殖质丰富、保水力强而排水又通畅的土壤。盆土用腐叶土6份和园土、黄沙各2份混合配制成的培养土。

（7）繁殖　蟆叶秋海棠的叶片硕大，叶脉粗壮，再生能力强，将叶脉刻伤可刺激它产生不定芽和不定根，因此可用叶插方法来繁殖花苗。

（8）摆放位置　蟆叶秋海棠可用作中小盆栽种，也可作中吊兰式种植悬挂于客厅、书房或卧室，或与其他植物搭配作景箱种植，用于室内装饰美化。

十一、净化杀菌：紫罗兰

紫罗兰（图4-16），又名草紫罗兰、草桂花、四桃克、香瓜对等，为十字花科、紫罗兰属花卉植物。紫罗兰形态健美，花色鲜艳，花团锦簇，娇而不媚，花香四溢，清新雅致，深得世人的青睐，适于布置花坛、花境，用于构图、镶边、花带等。盆栽美化居室，富有温馨感，同时也是著名的切花品种。

【环保功效】

紫罗兰散发出的香气具有明显的杀菌作用，对结核杆菌、肺炎球菌和葡萄球菌都有明显的抑制作用，具有杀菌和净化空气的双重功效。

【栽培指南】

（1）光照　紫罗兰切忌阳光直接照射，在散射光充足的室内盆栽比较适宜。同时应该尽量避开高温高湿的季节和暑热多湿气候，长时间的梅雨天气容易使紫罗兰感染病害。

（2）温度　紫罗兰喜通风良好的环境，冬季喜温和气候，但也能耐短暂的－5℃的低温。生长适温白天15～18℃，夜间10℃左右。

（3）浇水　紫罗兰的浇水不能太多，否则容易造成烂根。同时要注意不要溅到叶片上，不然容易引起叶片腐烂。

（4）施肥　紫罗兰在生长发育期间，7～10天施一次稀薄的腐熟液肥或复合化肥。施氮肥不能太多，否则叶片长得很繁茂而开花很少。所以，氮、磷、钾的比例以1:1:1为好。

图 4-16　紫罗兰花朵

（5）病虫害防治　紫罗兰常见病虫害有细菌性腐烂病、花叶病、曲顶病、小菜蛾、食心虫等。

（6）土壤　紫罗兰对土壤的要求不是很严格，但在疏松肥沃、排水良好、土层深厚的土壤上种植，能够促进花色鲜艳，效果更好。

（7）繁殖　紫罗兰的繁殖以播种育苗为主，同时也可采取扦插或分株繁殖的方法。由于紫罗兰的直根性强，侧根不发达，在真叶展开前就应该分苗移植，可以减少对其根系的损伤，移植过迟，其根系较长，操作困难，同时其蹲苗期可能延长。

（8）摆放位置　紫罗兰花朵茂盛，花色鲜艳，香气浓郁，适宜于盆栽观赏，可置于居室内靠窗边，或置于受到阳光、灯光散射的区域，如窗台、茶几、书桌、餐桌、床头等地（图 4-17）。

图 4-17　紫罗兰盆栽

十二、天然杀菌剂：兰花

兰花（图 4-18）是单子叶多年生草本植物。根肉质肥大，无根毛，有共生菌。具有假鳞茎，外包有叶鞘，与多个假鳞茎连在一起，成排同时存在。叶线形或剑形，革质，直立或下垂，花单生或成总状花序，花梗上着生多数苞片。

图 4-18　兰花

【环保功效】

兰花可作为观赏花，株形直立有分枝，落落大方，而且其含有芳香性挥发油、抗氧化剂和杀菌素等物质，可以美化环境、净化空气、香化居室。

【栽培指南】

（1）光照　兰花性喜荫蔽、凉爽环境，忌阳光直射。故北方 4～5 月上旬上午 9 时前可适当多见些阳光，5 月中旬以后需要遮阴，此时需放至凉爽通风处培养，冬季放在南窗附近，接受较多的光照，以增强其生命力，促进花芽分化。

（2）温度　喜温暖湿润的环境，生长温度是 18～30℃，5℃以下、35℃以上生长缓慢。

（3）浇水　兰花浇水需经常进行，这也是兰花栽培成功与否的重要环节。兰花的盆土要经常保持湿润，但忌含水量过多。在栽培中应根据季节的不同和兰花生长阶段的不同决定浇水量。

（4）施肥　给兰花施肥要施薄肥，切忌施浓肥，有"清兰花，浊茉莉"之说。新栽的兰株，第一年不宜施肥；从第二年清明以后开始施肥，直到立秋为止。

（5）病虫害防治　兰花主要遭受白绢病、炭疽病、介壳虫、根腐病的侵害。当兰花患上白绢病时，可去掉带菌盆土，撒上五氯硝基苯粉剂或石灰即可。

（6）土壤　兰花喜肥沃、富含大量腐殖质的土壤。

（7）繁殖　兰花常用分株、播种及组织培养法繁殖。兰花种子极细，种子内仅有一个发育不完全的胚，发芽力很低，加之种皮不易吸收水分，用常规方法播种不能萌发，故需要用兰菌或人工培养基来供给养分，才能萌发。

（8）摆放位置　兰花喜欢流通和没有污染的空气。养兰花的地方要远离煤气、油烟，远离尘土飞扬之地。盆栽可布置在庭院、厅堂、会议室中，中小型植株可陈设于客厅、书房等处（图 4-19）。

图 4-19　兰花盆栽

第五章

能去除物理污染的花卉植物

电视机、洗衣机、电冰箱、音响、计算机、手机、微波炉等产生的噪声、电磁辐射、静电等都是室内主要物理污染物。室内物理污染物主要有放射性污染物、重金属、噪声、可吸入颗粒物、光污染等。这些电器使用不当，极易影响人们的身体健康，比如使人听觉疲劳、记忆力减退、心悸、乏力、注意力不集中、失眠等自主神经功能紊乱和贫血等症状。

第一节　小心室内的隐形"炸弹"

事实证明，绿色植物能有效减少居家物理污染。据有关调查，人的一生有 70％～90％的时间在室内度过，因此，室内环境的健康至关重要。其中，除了人们了解较多的室内空气污染外，潜伏在室内的隐形物理污染问题也不容忽视。

一、能减少放射性污染的花卉

随着放射性带来的危害逐渐增加，人们越来越关注居室的放射性污染，下面介绍一下室内放射性污染的来源、危害以及抗污染的花卉植物。

1. 室内重金属污染的产生

室内放射性污染主要存在于一些建筑材料，如花岗岩、页岩、浮岩、大理石、水泥、红砖、釉面瓷砖中，有的建筑材料中还含有放射性元素镭、钍、铀及其衰变物氡等。

2. 室内重金属污染的危害

人在室内受到的放射性危害主要有两个方面，即放射线的体外辐射和体内辐射。放射线的体外辐射主要是指自然材料中的辐射体，直接照射人体后产生的一种生物效应，会对人体内的造血器官、神经系统、生殖系统和消化系统造成损伤。而且，这些放射性污染物所造成的危害，在很多情况下并不会立即显示出来，需经过一段较长的潜伏期。

3. 环保植物推荐

防辐射植物是指能够吸收辐射的植物，防辐射植物能吸收辐射并吸收二氧化碳，释放氧气。绿色植物通过光合作用，有吸收有害气体的的作用，可以减少室内外的污染，有益人体健康。

防辐射植物包括仙人掌、宝石花（图5-1）、虹之玉、玉扇、熊童子、星美人、黄丽、桃美人、景天等多肉植物。

图 5-1　防辐射的宝石花盆栽

二、能消除金属污染的花卉

工业文明给人们带来了无数便利的同时，也带给人们许多污染问题。下面介绍室内金属污染的来源、危害以及抗污染的花卉植物。

1. 室内重金属污染的产生

含有铅庭装饰装修材料、家居用品和玩具等会使室内环境产生铅污染，还有家中使用的是 PVC 饮用水管材、管件，在使用中容易造成饮用水的铅污染。

2. 室内重金属污染的危害

室内重金属若是进入人体，会进入倒血液，再由血液输送到脑、骨骼和脊髓等器官，主要是通过呼吸道和消化道进入人体的。铅污染不仅直接危害儿童，对孕妇腹中的胎儿有严重危害，会损伤胎儿的骨髓和造血系统、神经系统、生殖系统、心血管系统和肾脏。当血液中铅含量达到较高水平时可以引起痉挛、昏迷甚至死亡。

3. 环保植物推荐

绿色植物的根系可以分泌有机酸，可以改变重金属的移动性以及生物可利用性，此外有机酸还能缓解自身重金属的毒害。例如向日葵可从水和土中吸收放射性铀、氚、铯、锶等污染物（图 5-2）。

三、能消弱噪声污染的花卉

在现代都市中，来自汽车、火车、轮船等的噪声污染越来越严重。下面主要介绍来自家庭家电的噪声污染来源、危害以及环保花卉植物。

1. 室内噪声污染的产生

噪声是一种让人感觉难受甚至能使人患病的声音，它具有声音的一切物理特征。室内噪

图 5-2　能消除重金属污染的向日葵盆栽

声污染主要来源于家用电器、生活、室内装修活动等噪声。当然，家庭作坊也会产生噪声。据检测，家中的电视机、收音机及音响产生的噪声可达 60～80dB，洗衣机可产生 42～70dB，电冰箱可产生 32～50dB，如果几种家电同时使用，噪声会叠加变得更大。人为活动也可能产生噪声，如大声喧哗、吵闹、读外语、学乐器、学唱歌等，都可能制造出噪声。儿童玩具已成为新的噪声源。现在有许多玩具都会发出声音，而且声音很强，有的可达到 120dB 以上。例如，玩具电话可达 123dB，经过挤压能发出吱吱叫声的空气压缩玩具，在 10cm 之内能够发出 78～108dB 的声音，这相当于一台手扶拖拉机在耳边轰鸣。有的人长时间戴耳机听音乐，长时间看电视也能构成噪声危害健康。因为微型录放机、收音机、电视机的耳机输出的音量一般在 85dB 左右，随身听耳机可达到 120dB，大大超出国家规定的居室内噪声标准 50dB。而且，人戴耳机以后，耳机紧紧扣在外耳道上，高音量的音频直接进入耳朵，集中到很薄的耳膜上，毫无回旋余地，客观上提高了噪声级，危害尤其严重。另外，城市的工业噪声、施工噪声、交通噪声等也广泛影响到室内。

2. 室内噪声污染的危害

人短时间在强噪声的影响下会引起听力迟钝，称为听觉疲劳，这是暂时性的生理现象，尚未损伤内耳，休息后可以恢复。若长时间暴露在强噪声下，内耳发生病变，造成永久性耳聋，不可恢复。强噪声会刺激耳腔，能使人眩晕、恶心、呕吐，噪声超过 140dB 能够引起眼球振动，视觉模糊，呼吸、脉搏、血压发生波动，甚至全身血管收缩，供血减少，影响说话能力。

噪声还能损伤人的视力，噪声损伤视力的机理是，噪声能损伤视网膜汇总感光作用的杆状细胞，使杆状细胞辨别光亮度的敏感性降低，识别弱光反应时间长，眼睛的色觉和色视野发生异常改变，瞳孔直径随噪声强度的增高而增大。所以长时间处于噪声环境中，容易出现眼睛疲劳，眼痛、眼花和视物模糊等现象。

噪声使人难以入睡，使人心烦意乱，对于已经入睡的人，噪声又容易使人惊醒，严重干扰人的睡眠，对老年人和病人的干扰尤其严重。连续噪声可以加速从熟睡到浅睡，使人熟睡时间缩短，而且多梦，影响身体的休整。据测试，40dB 的连续噪声可使 10％的人受到影响，70dB 则可使 50％的人受到影响，突然的噪声达 40dB 时可惊醒 10％的人，噪声到 60dB 时，可惊醒 70％的人。

噪声能够引起人体的紧张反应，使肾上腺素分泌增多，因此容易引起心率改变和血压升高。长期处于 70～80dB 的噪声环境中，可使人的微血管收缩，导致供血不足，肢端发生障碍，并引起冠心病，血压高或不稳，心律不齐、心悸等。噪声能够促使心脑血管疾病的发展和恶化，噪声是造成心脏病的一个重要原因。

噪声能够引起消化系统的疾病，在噪声中就餐，胃肠黏膜的毛细血管会发生收缩，从而影响肠胃道的蠕动，使消化液减少。

噪声能够造成中枢神经功能紊乱，大脑皮层兴奋和抑制失去平衡，噪声还能引起神经衰弱，能引起失眠、疲劳、头痛、头晕、记忆力减弱，有人还会出现精神障碍，甚至诱发或复发神经病。

噪声使母体产生紧张反应，引起子宫血管收缩，使得孕妇供应胎儿的营养和氧气减少，影响胎儿的正常发育。噪声还能影响胎儿的体重，对 1000 个新生婴儿进行调查，发现在吵闹区诞生的婴儿的体重普遍较轻。噪声能影响儿童正常智力的发育，据调查，吵闹环境下儿童智力发育比安静环境下的儿童智力低 20％。儿童若在 80dB 以上的环境中生活，造成聋哑者可达 50％。噪声还能严重影响儿童的视力、智力。

3. 环保植物推荐

在室内、阳台或窗台放一些观叶植物，例如散尾葵、燕子掌、铁树、橡皮树等，可以减弱室内外噪声的影响。

四、能消除光污染的花卉

现在生活条件越来越好，室内各种灯光一应俱全，我们在享受幸福生活的同时，也要谨防光污染的危害。

1. 室内光污染的产生

光污染指室内装潢的亮光，计算机、电视机、电子游戏机的亮光；过多的白色、镜面、瓷砖的反光；局部视环境越来越洁白、光滑的书本和某些常用工业产品，对光的强反射产生的噪光；近距离读书反射的强光等。光污染是不良的光产生的视环境污染，光污染可分为人造白昼污染、彩光污染、白光污染。白昼污染源一般在室外，像路灯、探照灯、广告灯和霓虹灯等，光照太强，可影响人体黑色素的分泌，使得雌激素分泌失调，导致乳腺癌等与雌激素相关的疾病。彩光污染一般发生在歌舞厅，各种散光灯造成的彩光污染，黑灯光产生的紫外线可诱发鼻出血、白内障、脱牙甚至诱发癌症，彩光能够使人头痛、失眠、神经衰弱、食欲不振、性欲减退、月经不调；蓝光和绿光对人体的危害最严重，绿光的危害是白光的 50 倍。白光污染的噪光较多，如建筑物外墙对光的反射产生的噪光；雪地和白色地面产生的噪光等。

2. 室内光污染的危害

长时间晒太阳对人是有害的，这主要是由阳光中的紫外线引起的，紫外线可以杀菌，同样也可以伤害人体。强烈的紫外线照射会引起日光性皮炎，轻者皮肤出现红斑，感到不适；重者皮肤红肿，感到头昏、恶心、呕吐、发热，出现心跳加快、血压降低。紫外线能降低人体免疫系统的功能，从而引起各种疾病。大量紫外线照射还会给眼睛带来永久损伤，会损伤角膜和视网膜，还能诱发白内障。过多晒太阳容易使皮肤老化，阳光使表皮细胞失去水分，引起皮肤增厚和角质化，真皮中的弹力纤维断裂、变性，使得皮肤变干燥、粗糙、失去弹性，会过早地出现皱纹。若长期滥用强光，可刺激眼睛发生结膜炎、虹膜损伤、角膜炎、视力疲劳、头昏、心烦、失眠多梦、食欲不振、情绪低落等症状，甚至能够引起癫痫发作。卫生专家认为，中学生和从事计算机应用、文秘工作的人群中，患近视的比例已高达60%，白光污染是罪魁祸首。在强光下睡觉易患病，医学科研人员研究证实，开灯睡觉影响人体免疫力，容易使人罹患疾病。

3. 环保花卉推荐

在室内适当种植一些绿色植物，能有效减少光污染。如：南洋杉、幸福树、发财树、平安树、非洲茉莉、春芋、龟背竹、绿萝、观音竹、水竹、富贵竹、吊兰、香龙血树、巴西木、一帆风顺、红掌等。

五、能吸收电磁辐射的花卉

电磁辐射是一种复合电磁波通过空间传递能量的物理现象，因而电磁辐射污染也被称作电磁波污染。电磁辐射包含电离辐射及非电离辐射（无线电波、微波、红外线、可见光、紫外线）两大类。人体的生命活动包括很多生物电活动，这些生物电对环境中电磁波的反应异常敏感。所以，电磁辐射会影响甚至伤害人体。

1. 电磁辐射的来源

（1）大气中的一些自然现象会产生天然的电磁辐射污染，比如大气因为电荷的累积而产生的放电现象。此外，天然的电磁辐射污染也可能来源于太阳热辐射、地球热辐射及宇宙射线等。

（2）人工的电磁辐射污染有着普遍的来源，可能来源于处于工作状态中的高压线、变电站、雷达、电台、电子仪器、医疗设备、激光照排设备及办公自动化设备，也可能来源于日常使用中的微波炉、电视机、电冰箱、电脑、空调、收音机、音响、手机、电热毯、无绳电话、低压电源等家电。

2. 电磁辐射的危害

（1）电磁辐射污染已经成为导致心血管疾病、糖尿病、白血病、癌症的重要原因之一。如果人长时间在高电磁辐射的环境中生活，人体的循环、免疫及代谢功能都会受到影响，使血液、淋巴液及细胞原生质产生变化，甚至会导致癌症。

（2）电磁辐射会直接损伤人体的神经系统，尤其是中枢神经系统。若人的头部长时间受到电磁辐射的影响，就会表现出失眠多梦、头晕头疼、身体乏力、记忆力衰退、易怒、抑郁等神经衰弱症状。

（3）电磁辐射会对人体的生殖系统造成影响，可表现为男子精子质量下降、孕妇自然流产及胎儿畸形等。

（4）电磁辐射会造成儿童智力发育障碍，还会损害儿童肝脏的造血功能。

（5）电磁辐射会给人们的视觉系统带来不好的影响，过高的电磁辐射能令人视力下降、罹患白内障等，甚至还可能造成视网膜脱落。

3. 环保植物推荐

有的观赏植物具有吸收电磁辐射的作用，在家庭中或办公室中摆放这些植物，可有效减少各种电器电子产品产生的电磁辐射污染。这些植物包括仙人掌、宝石花、景天等多肉植物。

第二节　抗物理污染的花卉植物

物理污染无处不在，时时刻刻威胁人体健康的物理污染需要引起人们足够的重视。那么，可以防物理污染的植物有哪些呢？在本节，我们将为您详细讲述这些神奇的植物。

一、吸收电磁辐射：条纹十二卷

条纹十二卷，又叫条纹蛇尾兰，为百合科十二卷属多年生肉质草本植物，叶片紧密轮生在茎轴上，呈莲座状；叶三角状披针形，先端尖锐；叶表光滑，深绿色；叶背绿色，具较大的白色瘤状突起，这些突起排列成横条纹，与叶面的深绿色形成鲜明的对比。原产于非洲南部热带干旱地区。

条纹十二卷选购盆栽植株，要求健壮、端正，呈莲座状，株幅在 10cm 左右。叶片多，肥厚，坚硬，深绿色，叶面的白色疣点排列呈横条纹，无缺损，无焦斑，无病虫危害。

【环保功效】

条纹十二卷的叶片能吸收电磁辐射，在办公桌上摆上一盆，可以让上班族远离辐射危害，呼吸绿色空气。条纹十二卷需摆放在有纱帘的窗台或阳台，避开强光但也不要过于荫蔽。冬季需摆放温暖、阳光充足处越冬。

【栽培指南】

（1）光照　条纹十二卷对光的反应比较敏感。光线过强，肉质叶片会出现红色；光线过弱，叶片会退化逐渐缩小。

（2）温度　条纹十二卷害怕低温和潮湿，生长期适温 9 月为 16～18℃，翌年 3 月为 10～13℃，冬季最低温度不低于 5℃。

（3）浇水　条纹十二卷生长期盆土保持稍湿润，不能积水。空气过于干燥时，可喷水增加空气湿度。冬季和盛夏处于半休眠状态，盆中保持干燥。

（4）施肥　条纹十二卷每月需施肥 1 次。使用液肥时，不要沾污叶片。

（5）病虫害防治　条纹十二卷有时发生根腐病和褐斑病，用 65％代森锌可湿性粉剂 1500 倍液喷洒。虫害有粉虱和介壳虫，可用 40％氧化乐果乳油 1000 倍液喷杀。

（6）土壤　腐叶土和粗沙的混合土。

（7）繁殖　常用分株和扦插繁殖，培育新品种时则采用播种。

（8）放置位置　条纹十二卷盆栽或水培摆放于书桌、茶几或窗台（图 5-3）。

二、电磁辐射的"克星"：石莲花

石莲花（图 5-4），又叫石花、石胆草。苦苣苔科、珊瑚苣苔属多年生草本植物。叶全部基生，莲座状，外层叶具长柄，内层叶无柄；叶片革质，宽倒卵形、扇形，稀近卵形，产

图 5-3　条纹十二卷盆栽

中国云南、四川及西藏东南部的山坡及林缘岩石石缝中，适应力极强。叶似玉石，集聚枝顶，排成莲座状，是美丽的观叶植物。

【环保功效】

石莲花具有吸收电磁辐射的作用，可减少电子产品的电磁辐射污染。它还能吸收二氧化碳，释放氧气，放在办公室清新悦目，清秀典雅。

图 5-4　石莲花

【栽培指南】

（1）光照　石莲花耐高温烈日。但光照过强叶片易老化，影响观赏效果，因此气温炎热时应布置于早晚有光照的阳台或窗台上培养。

（2）温度　石莲花冬季温度需在5℃以上。不耐寒，冬季阳台内气温应保持在5℃以上。

（3）浇水　石莲花生长期和开花期每周浇水2次，盆土保持湿润。空气干燥时，每3～4天向叶状茎喷雾1次。花后处半休眠状态，控制浇水。其他时间每2周浇水1次，盆土保持稍湿润。

（4）施肥　石莲花生长期每月施肥1次，用稀释饼肥水，或用盆花专用肥。

（5）病虫害防治　石莲花常有锈病、叶斑病危害，可用75％百菌清可湿性粉剂800倍液喷洒防治。虫害有根结线虫，用3％呋喃丹颗粒剂防治。

（6）繁殖　石莲花多用插叶、插穗以及分株繁殖。也可用量天尺或梨果仙人掌作砧木进行嫁接繁殖，接穗取肥厚叶状茎2节，用嵌接法固定在砧木上，约10天就可愈合成活。

（7）土壤　石莲花土壤适合泥炭土、培养土和粗沙的混合土。

（8）摆放位置　石莲花适合布置于光线充足的客厅、卧室、书房等处（图5-5）。

图5-5　石莲花盆栽

三、"能开花的石头"：生石花

生石花（图5-6），又名石头玉，属于番杏科、生石花属（或称石头草属）物种的总称，原产非洲南部及西南地区，常见于岩床缝隙、石砾之中，被喻为"有生命的石头"。

生石花在非雨季生长开花，盛花时刻，生石花犹如给荒漠盖上了巨大的花毯。但当干旱的夏季来临时，荒漠上又恢复了"石头"的世界。这些表面没有针刺保护的肉质多汁植物，正是因为成功地模拟了石头的形态，才有效地骗过了食草动物，繁衍至今，形成了植物界的独特景观。

生石花是世界著名的小型多肉花卉。盆栽生石花，根系少而浅，周围可放色彩鲜艳的卵石，既起支持作用，又可增加观赏效果。

【环保功效】

生石花能吸入二氧化碳，放出氧气，使室内空气清新；它还能吸收电磁辐射，适合白领一族摆放在书房、卧室、客厅、办公室的电器和电子产品旁边。

图 5-6　生石花

【栽培指南】

（1）光照　生石花喜温暖干燥和阳光充足环境。怕低温，忌强光。

（2）温度　生石花生长适温为 10～30℃。

（3）浇水　生石花生长期盆土保持湿润，不能过湿。夏季高温强光时，适当遮阴，少浇水。秋凉后盆土保持稍湿润。冬季盆土保持稍干燥。

（4）施肥　生石花生长期每半月施肥 1 次，用稀释饼肥水或用盆花专用肥。防止肥液沾污球状叶。

（5）病虫害防治　生石花主要发生叶斑病和叶腐病危害，用 70% 代森锰锌可湿性粉剂600 倍液喷洒。虫害有蚂蚁和根结线虫，可换土或消毒土壤减少线虫侵害。用套盆隔水养护，防止蚂蚁危害。

（6）土壤　生石花盆栽适合用腐叶土、培养土和粗沙的混合土，加少量干牛粪。

（7）繁殖　石生花主要是播种和扦插繁殖。

① 播种。4～5 月采用室内盆播，种子细小，发芽适温 20～22℃，播后 7～10 天发芽。

② 扦插。生长期常用充实的球状叶，但必须带基部，稍晾干后插入沙床，插后 20～25天可生根。

（8）摆放位置　石生花盆栽点缀窗台、书桌或博古架，小巧精致，好似一件精致的工艺品。若以卵石相伴，更是真假难分（图 5-7）。

图 5-7　生石花盆栽

四、夜间"天使"：令箭荷花

令箭荷花，又名孔雀仙人掌、孔雀兰、荷令箭等，为仙人掌科多年生常青附生类植物，因其茎扁平呈披针形，形似令箭，花似睡莲，故名令箭荷花。

其为群生灌木状，高 50～100cm。喜光照和通风良好的环境，但在炎热、高温、干燥的条件下要适当遮阴，怕雨水。要求肥沃、疏松和排水良好的土壤，有一定抗旱能力。原产以墨西哥最多，中国以盆栽为主。

【环保功效】

令箭荷花在晚上可以吸收很多二氧化碳，同时制造并释放出很多氧气，具有非常强的净化空气的能力，能够提高房间里的负离子浓度，令空气保持新鲜自然，对人们的身体健康十分有益。

【栽培指南】

（1）光照　春天和秋天应将令箭荷花盆栽摆放在阳台上通风顺畅、透光性好的地方。夏天温度较高、天气炎热时，需防止植株被强烈的阳光久晒，可将其置于背阴、凉爽且不会受阳光直射的地方。需留意的是，不可过分遮蔽阳光，或在荫蔽的地方摆放过久，否则会使植株的开花受到影响。

（2）温度　令箭荷花喜欢温暖和半阴的环境，不能抵御寒冷，北方区域栽植时要在室内过冬。室内温度控制在 10～15℃，温度太低容易导致植株死去，温度太高则容易令植株徒长，不利于开花及保持良好的株形。

（3）浇水　令箭荷花盆土适宜偏干燥一些。春天不适宜浇太多水，以盆土维持稍湿润状态为佳。冬天应控制浇水，令盆土稍湿润而偏干燥就可以。

（4）施肥　令箭荷花比较嗜肥，在生长季节可以用充分腐熟的麻酱渣、饼肥或马蹄片加水进行稀释，每 15 天施用一次。需留意的是，不可施用太多的氮肥，不然会令叶状茎长得过分繁密茂盛，对植株开花造成不良影响。

（5）病虫害防治　令箭荷花经常发生的病害主要是褐斑病。

（6）土壤　令箭荷花喜欢土质松散、有肥力、排水通畅且有机质丰富的微酸性或沙质土壤，在黏重的土壤中生长时容易发生根腐病。

（7）繁殖　令箭荷花可采用扦插法与嫁接法进行繁殖。

（8）摆放位置　令箭荷花花色品种繁多，花色艳丽。盛夏时节开花，是窗前、阳台和门厅点缀的佳品（图5-8）。

图5-8　令箭荷花盆栽

五、防辐射"高手"：蟹爪兰

蟹爪兰（图5-9）是仙人掌科、蟹爪兰属附生肉质植物，灌木状，茎悬垂，多分枝无刺，老茎木质化，幼茎扁平。原产巴西，中国各地公园和花圃常见栽培。为观赏植物，常嫁接于量天尺或其他砧木上，以获得长势茂盛的植株。

蟹爪兰有很多别名，各地叫法不一，例如蟹爪莲、仙指花、接骨兰、圣诞仙人掌等，是常绿多年生花卉。一般开花在冬季节日期间，花朵娇柔婀娜，光艳亮丽，特别受中国人的喜爱和追捧，逐渐成为近年来隆冬季节一种非常优秀的室内盆栽花卉。

【环保功效】

蟹爪兰具有吸收电磁辐射的作用，可减少电器、电子产品的电磁辐射污染。

【栽培指南】

（1）光照　蟹爪兰属短日照植物，在每日8～10h阳光照射的条件下，2～3个月便能开花。它喜欢半阴的环境，畏强烈的阳光久晒。

（2）温度　蟹爪兰喜欢温暖，不能抵御寒冷，其生长的最合适温度是15～25℃。夏天若温度高于28℃，植株就会进入休眠或半休眠状态；当温度在15℃以下时，便可能会使花蕾脱落；当温度在5℃以下时，植株则会生长得不好；冬天应将植株移入室内过冬，室内温度控制在15～18℃为宜。

（3）浇水　蟹爪兰浇水不宜过多，可向茎面多喷水，待有新的叶状茎长出后可增加浇

图 5-9　蟹爪兰

水，但盆内不能过湿或积水。冬季需摆放在温暖处越冬。

（4）施肥　从春天到夏初，需大约每隔 15 天对植株施用一次浓度较低的肥料，主要是施用氮肥；进入夏天后可暂时停止施用肥料；在孕育花蕾到开花之前需加施 1～2 次以磷肥为主的肥料，以促进其分化花芽。

（5）病虫害防治　蟹爪兰经常患的病害是叶枯病、腐烂病及各种虫害。

（6）土壤　蟹爪兰喜欢土质松散、有肥力、腐殖质丰富且排水通畅的泥炭土及腐叶土。

（7）繁殖　蟹爪兰可以采用扦插法及嫁接法进行繁殖，其中以嫁接繁殖的效果最好。

（8）摆放位置　蟹爪兰放在办公室养殖，养眼又保健。适合于窗台、门庭入口处和展览大厅装饰（图 5-10）。

图 5-10　蟹爪兰盆栽

六、杀菌于"无形"：仙人掌

仙人掌是仙人掌属的一种植物。别名仙巴掌、观音掌、霸王、火掌等，为仙人掌科植物。仙人掌为丛生肉质灌木，上部分枝宽倒卵形、倒卵状椭圆形或近圆形；花辐状，花托倒卵形；种子多数扁圆形，边缘稍不规则，无毛，淡黄褐色。茎节鲜绿扁平，刺座幼时被褐色短绵毛、刺密集。黄花朵朵，果紫红。为室内中、小型盆栽花木。

仙人掌的种类繁多，世界上共有70～110个属，2000余种，具体可以分为：团扇仙人掌类、段型仙人掌类、蟹爪仙人掌（螃蟹兰）、叶型森林性仙人掌类、球形仙人掌。常生长于沙漠等干燥环境中，被称为"沙漠英雄花"，为多肉植物的一类。

【环保功效】

仙人掌具有防辐射、吸收有害气体的作用，吸收分解后就放出新鲜氧气。其气味具有杀菌、抑菌功能。能在夜间吸收二氧化碳，还能释放大量负离子。

【栽培指南】

（1）光照　仙人掌喜温暖、干燥和阳光充足的环境，较耐寒，耐干旱，也耐半阴。因喜光，可全年、长期地摆放在室内直射光强、光线充足明亮的阳光充足区，但对盛夏中午的强光仍需适当遮阳。

（2）温度　仙人掌生长适温为20～30℃，生长期要有昼夜温差，最好白天30～40℃，夜间15～25℃。

（3）浇水　仙人掌虽有发达的薄壁组织能贮藏大量水分，但生长期仍应浇水，气温越高浇水量越大，特别是盆土排水通畅情况下，1天浇1次水也无妨。浇水应掌握不干不浇，干则浇透。

（4）施肥　仙人掌生长期每月施肥1～2次，不能仅施以氮为主的液肥，还要补充钾肥，以利于仙人掌加快生长。在休眠期或根部受损伤时不得施肥。

（5）病虫害防治　仙人掌一般极少发生病虫害，如少量发生可用取生物治疗技术或施用生物农药。

（6）土壤　盆土用园土、腐叶土各2份、粗沙3份和陈灰墙屑（也可用贝壳粉、蛋壳粉）1份混合配制成的培养土，经过消毒后应用。

（7）繁殖　仙人掌土培常用播种法、扦插法，也可水培。

① 播种。3～4月进行，播后9～11天发芽。

② 扦插。5～7月进行，插后20～25天生根。

③ 水培。水培的材料来自土培的仙人掌。

（8）摆放位置　仙人掌适宜摆放在卧室、书房，也可摆放在厨房（图5-11）。

七、对抗多种污染：山影拳

山影拳（图5-12）神似山石，层叠起伏，山峦郁郁葱葱。刺座上无毛，为室内中、小型盆栽花木。

一般所讲的山影拳，实际上包括了7～8个变异的品种。变异的品种是植物芽上的生长锥分布不规则，因而整个植株肋棱错乱。由于不规则增殖，长成参差不齐的岩石状。园艺爱好者常将山影拳的奇石怪峰部分切割下来，制成盆景。也有将彩色的仙人球嫁接在山影拳上形成色彩斑斓的盆栽。

【环保功效】

山影拳的净化功能很强，对二氧化碳、氯化氢、一氧化碳、过氮氧化物、甲醛等的抗性很强，在夜晚能吸收二氧化碳，释放出氧气，又能提高负离子浓度，有益人们身心健康。

【栽培指南】

（1）光照　山影拳喜温暖、阳光充足环境。一年四季可摆放在室内阳光充足区，注意通

图 5-11　仙人掌盆栽

图 5-12　山影拳盆栽

风。夏季仍要稍加遮阳。

（2）温度　山影拳最适生长温度为 15～32℃，怕高温闷热，在夏季酷暑气温 33℃以上时进入休眠状态。忌寒冷霜冻，越冬温度需要保持在 10℃以上，在冬季气温降到 7℃以下也进入休眠状态，如果环境温度接近 4℃时，会因冻伤而死亡。

（3）浇水　山影拳在生长期浇水掌握宁干勿湿的原则。一般 3～5 天浇水 1 次。浇水过多会烂根，也会徒长，徒长形态变化大，因而有可能会丧失观赏价值。夏季浇水可略多些，但也要等盆土见干后再浇。

（4）浇水　山影拳盆土稍有利生长速度减缓，保持原有优美株形。室内干燥时，为了增加室内湿度，可增加喷水。

（5）施肥　山影拳为了控制冠形和整株姿态，一般不施肥。肥水过多，易徒长变形，同时肥水多又忽略了充足的光线，则茎体会腐烂。

（6）土壤　山影拳喜肥沃、排水良好的砂质壤土。盆土用园土、腐叶土各 2 份，粗沙 3 份和陈灰墙屑 1 份混合配制成的培养土。

（7）繁殖　山影拳用扦插、嫁接法。因扦插生根非常容易，故多用。春、秋两季进行，选姿态优美、符合自己所需的健壮部分切割下来，切口要平，晾干，然后插入盆土中，宜浅不宜深。盆土浇水不宜过湿。插后 35～40 天生根。

（8）摆放位置　山影拳可用来装饰客厅、书房、卧室，能呈现出清雅别致的风格（图 5-13）。

图 5-13　山影拳盆栽

八、抗噪植物：月季

月季（图5-14）为蔷薇科蔷薇属常绿或半常绿灌木，小枝铺散，绿色，无毛，具弯刺或无刺。羽状复叶，小叶片椭圆形，基部圆形或宽楔形，边缘具尖锐细锯齿，表面鲜绿色，两面均无毛。花数朵簇生或单生，花色很多，色泽各异。

图5-14　月季盆栽

【环保功效】

月季可以做成延绵不断的花篱、花屏、花墙，用于机关、学校、居民小区、城区广场等地方，不仅能净化空气、美化环境，还能大降低周围地区的噪声污染，缓解火热夏季的闷热。

【栽培指南】

（1）光照　月季花的光照要充分，空气排水都要畅通，还要选择避风的环境，可以给月季花避阴，但是不能把月季花放在阴暗潮湿的地方，容易凋谢。

（2）温度　月季花是属于喜好温暖、怕炎热、耐寒性好的花卉，所以我们在养植的时候，温度应该控制在白天16～25℃，夜晚11～16℃之间是相对比较好的。

（3）浇水　5月份是月季的旺季，浇水原则是不干不浇，浇水要浇透。

（4）施肥　月季施肥的比例为3份肥料7份水，施肥间隔10天左右一次，可以用发酵的肉水汁液，11月就可以停止施肥了。

（5）病虫害防治　月季的病虫害很多，平时应注意早发现，早治疗。

（6）土壤　月季对土壤要求虽不严格，但以疏松、肥沃、富含有机质、微酸性、排水良好的壤土较为适宜。

（7）繁殖　月季花的生命力非常强大，如果想另行栽培，可以剪下月季花的枝条 10～15cm，然后插入小花盆或者营养钵，先放在温度在 20℃左右、光线较弱的地方阴长数日，等生根发芽后，再移栽到大花盆中。

（8）摆放位置　月季喜光，所以需要放置在阳光照射处，如客厅、窗台等地。

九、"拦截"电磁波：天轮柱

天轮柱（图 5-15）原产自南非，又叫"秘鲁天轮柱"或"仙人柱"，是一种巨型仙人掌，形似长蜡烛或深绿色长柱，长有许多刺，应小心种植，放在儿童够不到的地方。在 25 种有名的天轮柱中，秘鲁天轮柱种植最广泛，形体最大，而六角仙人柱更高，鼠尾掌可以开出红色的美丽花朵，夜花仙人掌则长得非常细长。

图 5-15　天轮柱

【环保功效】

天轮柱能有效吸收电脑、电视、无线网络和微波炉辐射的电磁波。可以在居住的地方摆放几棵天轮柱来吸收辐射。

【栽培指南】

（1）光照　天轮柱喜光照，且不怕阳光的直射，若无直射条件，则需要强光照射。

（2）温度　天轮柱在冬季可承受 5℃的低温，夏季所能承受的温度不超过 30℃。如果希望它在夏季开花，就要在冬季时保证温度为 10℃左右。

（3）浇水　天轮柱需水量少，春夏季可适量浇水，但冬季时无需浇水。每次浇水前保证土壤已经干燥，且最好在早晨或晚上浇水。

（4）施肥　为使天轮柱土壤肥沃，最好施一些传统肥料。

（5）病虫害防治　天轮柱有根结线虫病和介壳虫、粉虱等病虫害。

（6）土壤　要求排水良好富含有机质的沙质壤土，可用壤土、腐叶土、粗沙等份混合另加少量石灰质材料配成。

（7）繁殖　天轮柱可选取壮实的茎，切成每段 20cm 左右。切口晾干后插入潮润的素沙土中。在 20～25℃的条件下，生根很快，也可播种，出苗容易，幼苗生长较快，宜及时移植。

（8）摆放位置　天轮柱可摆放在厨房里靠近微波炉的地方，或摆放在电子设备如手机、电脑、电视机等旁边。办公室、客厅和卧室也同样适合摆放。

十、夜间"氧吧"：仙人球

仙人球为仙人掌类植物中呈球形或筒形而老龄植株呈柱状的一类植物。这类植物球体侧方开花，傍晚开翌晨凋谢。本类植物约有 36 种，为常见栽培的种类，是室内较普遍栽培的花木，也是可以水培的植物之一。

【环保功效】

仙人球呼吸多在晚上比较凉爽、潮湿时进行。呼吸时，吸入二氧化碳，释放出氧气。在室内放置仙人球，无异于增添了一个空气清新器，能净化室内空气，故为夜间摆设室内的理想花卉。

【栽培指南】

（1）光照　仙人球可全年摆放在室内阳光充足区，但夏季仍应注意避免强光的照射，特别是中午的强光需遮阳，并注意通风。

（2）温度　仙人球喜温暖，温度过高会使其被迫"休眠"。仙人球也能耐 0℃左右的低温。冬季室温保持在 3～5℃以上，可以安全越冬。

（3）浇水　仙人球虽耐干旱，但在干旱条件下生长缓慢，所以仍需浇水，浇水以见干见湿为原则，待盆土表面干后才浇水，浇水必须浇透，但不得积水，最好浇水后及时松土，以利排水。开花期间浇水可以适当多些。

（4）施肥　仙人球的盆土，可用园土、腐叶土各 2 份、粗沙 3 份和陈灰墙屑 1 份混合配制成的培养土。成年植株每年施 1～2 次以氮为主的稀薄液肥，适当补充磷钾肥。

（5）病虫害防治　仙人球在高温、通风不良的环境中，容易发生病虫害。病害可喷洒多菌灵或托布津；虫害可喷洒乐果杀除。无论喷洒哪种药液，都要在室外进行。

（6）土壤　仙人球宜在肥沃、排水透气良好、含石灰质的沙壤土中生长。

图 5-16　仙人球盆栽

（7）繁殖　仙人球繁殖极易，只要在其生长季节从母球上剥取子球另行栽植即可。

（8）摆放位置　仙人球适宜摆放在卧室、书房，也可摆放在厨房（图 5-16）。

十一、消除重金属污染：棕竹

棕竹（图 5-17），又称观音竹、筋头竹、棕榈竹、矮棕竹，为棕榈科棕竹属常绿观叶植物。有叶节，包以有褐色网状纤维的叶鞘。丛生灌木，高 2～3m，茎干直立圆柱形，有节，直径 1.5～3cm，茎纤细如手指，不分枝，有叶节，上部被叶鞘，但分解成稍松散的马尾状淡黑色粗糙而硬的网状纤维。其叶色翠绿有光泽，茎有节似竹，为典型的室内盆栽观叶植物，多为中型，也有小型，极易水培。

【环保功效】

棕竹吸收和净化室内各种有害物质能力强，蒸腾效率高，有利室内湿度和负离子数量增加。还能消除重金属污染，并对二氧化硫有一定的抗性。

【栽培指南】

（1）光照　棕竹喜温暖、阴湿及通风良好的环境，忌烈日，怕干风，不耐旱，较耐湿，尚耐寒。生长期可长期摆放在室内光线明亮区培养。若室内光线较阴暗，则 3 个月后必须移到光线明亮区进行调节数日。夏季强光要遮去，更不能暴晒。

（2）温度　棕竹适宜温度 10～30℃，气温高于 34℃时，叶片常会焦边，生长停滞。越冬温度不低于 5℃，但可耐 0℃左右低温，最忌寒风霜雪，在一般居室可安全越冬。

（3）浇水　棕竹在生长期盆土保持湿润，但不得积水，积水易烂根、叶片发黄。若浇水过少或盆土过干，易导致叶尖变褐枯死。气候干燥时，特别是盛暑，除盆土浇水外，还需向

图 5-17　棕竹

枝叶喷水 1～2 次。

（4）施肥　棕竹在生长期每月应施 1 次以氮为主的稀薄液肥。根基的不定芽有较强的萌发能力，使株丛不断扩大、密度增大，因而需疏剪抽稀。春季将密集的地下根茎切开，去除老化根茎、过密枝，然后增加培养土。

（5）病虫害防治　棕竹要注意霜霉病、褐斑病、介壳虫的防治。

（6）土壤　喜含腐殖质丰富而排水良好的微酸性砂砾土，不耐瘠薄和盐碱。盆土用腐叶土 6 份和园土、黄沙各 2 份混合配制成的培养土。

（7）繁殖　棕竹土培用播种、分株法，以分株为主，也可水培。其水培材料是在生长期，选取小型土培棕竹，挖出全株，用锋刀将地下茎切成数小丛。每小丛有茎干 2～3 枝和根系，用清水冲洗根系，定植于容器中，注入清水为根系深的 2/3。以后每 2～3 天换清水 1 次，每天向叶面喷雾 1～2 次。水培根萌发较慢，3～4 周才能长出。长出水培根后用观叶植物营养液培养，以后每 2 周左右更换营养液 1 次。

（8）摆放位置　棕竹适宜摆放在客厅及其他房间的通道旁。

十二、天然"除尘器"：花叶芋

花叶芋，又名彩叶芋、两色芋，天南星科，属多年生常绿草本植物。花叶芋的叶片呈盾状箭形或心形（图 5-18），色泽美丽，变种极多。肉穗花序黄至橙黄色，雄花在上，雌花在下，浆果白色。

【环保功效】

花叶芋是天然的"除尘器"，其纤毛不仅能吸附带入室内的细菌和其他有害物质，甚至可以吸附吸尘器难以吸到的灰尘。

图 5-18　花叶芋叶片

【栽培指南】

（1）光照　花叶芋喜高温、高湿和半阴环境，不耐低温和霜雪。

（2）温度　花叶芋保持温度在 25℃左右，4～5 周后出叶。若种植在室外，注意夜间最低气温要在 15℃以上。

（3）浇水　花叶芋在初期要少浇水，发根后逐渐增加浇水量，保持盆土湿润，但不可积水。夏季要避免强光直射，适当进行遮阴。并需要大量浇水，经常向空气中洒水。

（4）施肥　花叶芋出叶后，每月施肥一次。然后每周施肥一次，以氮肥为主，磷、钾搭配使用。秋季是块茎生长发育阶段，此时需要增施磷、钾肥，促进块茎生长。

（5）病虫害防治　花叶芋在块茎贮藏期会发生干腐病，可用 50％多菌灵可湿性粉剂 500 倍液浸泡或喷洒防治。生长期易发生叶斑病等，可用 80％代森锰锌可湿性粉剂 500 倍液、50％多菌灵可湿性粉剂 1000 倍液，或 70％托布津可湿性粉剂 800～1000 倍液防治。

（6）土壤　花叶芋要求土壤疏松、肥沃和排水良好。

（7）繁殖　花叶芋的繁殖以分球为主，也可进行扦插繁殖。

① 分球繁殖。在块茎开始抽芽时，用利刀切割带芽块茎，阴干数日，待伤口表面干燥后即可上盆栽种。室温应保持在 20℃以上，否则栽植块茎易受湿而难以发芽。

② 叶柄水插繁殖。近年发展起来的一种技术，可在春秋生长期繁殖花叶芋，操作简便。繁殖时选择成熟的叶片，带叶柄一起剥下，插入事先准备好的盛有清水的器皿中，叶柄入水深度为叶柄长度的 1/4 左右，水插后需每隔一天换一次清水，保持水质清洁即可。约 1 个月，花叶芋叶柄基部开始膨大并逐渐形成块茎，最后萌发形成新植株。

（8）摆放位置　花叶芋叶色鲜艳，适合摆放在卧室、客厅、厨房等半阴环境中（图 5-19）。

图 5-19　花叶芋盆栽

第六章
其他环保花卉巧选择

我们知道，许多种花卉都具有改善生态环境、净化空气的功能，主要是通过植物叶片的作用吸收大气中的有害气体，减少空气中对人体有害的气体达到净化空气的目的。此外，花卉还有吸附粉尘、烟尘及其他有毒微粒，减少空气中细菌数量，净化居室环境的功效。

第一节 增氧、保湿的花卉推荐

我们呼吸需要氧气，皮肤需要保湿，我们生活的居室也必须满足我们人体的最基本需求。本节主要向人们推荐君子兰、散尾葵等可以增加室内氧气以及保持合适湿度的花卉植物，希望对你的健康生活有所帮助。

一、空气"过滤器"：君子兰

君子兰，又名大叶石蒜，属于君子兰属石蒜科，多年生草本植物。茎基部宿存的叶基呈鳞茎状。基生叶质厚，深绿色，伞形花序，外轮花被裂片顶端有微凸头，内轮顶端微凹，浆果紫红色，主要颜色有橙黄、淡黄、橘红、浅红、深红等（图6-1）。

图 6-1 君子兰花朵

【环保功效】

君子兰株体，特别是宽大肥厚的叶片，有很多的气孔和绒毛，能分泌出大量的黏液，并能吸收大量的粉尘、灰尘和有害气体，对室内空气起到过滤的作用，减少室内空间的含尘量，使空气洁净。

君子兰常年翠绿，耐阴性极强，具有很高的欣赏价值，同时还能吸收大量的二氧化碳气体，空气中的粉尘、灰尘、有害气体也能被君子兰吸收，在释放氧气上，是一般植物释放量的几十倍，所以非常适合摆放在室内。

【栽培指南】

（1）温度　君子兰最适宜的生长温度为 15～25℃，10℃停止生长，0℃受冻害，所以，冬季必须保温防冻，在花茎抽出后，维持 18℃左右为宜，温度过高，叶片、花薹徒长细瘦，花小质差，花期短；而温度太低，花茎矮，影响品质，从而降低观赏价值。

（2）浇水　经常注意君子兰盆土干湿情况，出现半干就要浇一次，浇的量不宜多，保持盆土润而不潮才算是恰到好处。在一般情况下，春天每天浇 1 次；夏季浇水，可用细喷水壶将叶面同周围地面一起浇，晴天一天可浇 2 次；秋季隔天浇 1 次；冬季每星期浇 1 次或更少。要视具体情况而定，以不使太干、太潮为原则。

（3）施肥　君子兰在不同的生长发育阶段对养分的需求量也不同。因此，应该在各个时期采取不同的适合于植株需要的施肥方式，如施底肥、追肥、根外施肥等。施肥品种也要根据季节不同，施不同的肥料。比如：春、冬两季宜施些磷、钾肥，如鱼粉、骨粉、麻饼等，可利于叶脉形成和提高叶片的光泽度；而秋季施腐熟的动物毛、角、蹄或豆饼的浸出液为宜，以 30～40 倍清水兑稀后浇施，可有助于叶片生长。

（4）土壤　君子兰适宜用含腐殖质丰富的土壤，这种土壤透气性好、渗水性好，而且土质肥沃，具微酸性（pH6.5）。在腐殖土中渗入 20％左右的砂粒，可利于养根。

（5）繁殖方法　君子兰采用分株法和播种法繁殖。分株每年 4～6 月进行，分切腋芽栽培，因母株根系发达，分割时可全盆倒出，慢慢剥离盆土，注意不要弄断根系。切割腋芽，最好带 2～3 条根；切后需在母株及小芽的伤口处涂杀菌剂。幼芽上盆后，要控制浇水，放置阴处，半个月后可正常管理。若无根腋芽，按扦插法也可成活，不过发根缓慢。分株苗三年开始开花，可保持母株优良性状。

（6）摆放位置　在家居中用君子兰装饰，能够体现了主人的修养和品位，适合摆放在客厅、书房等醒目的位置（图 6-2）。

二、天然"增湿器"：散尾葵

散尾葵又名黄椰子、凤尾竹，为棕榈科散尾葵属常绿大灌木。散尾葵不仅形态优美，又耐阴、易管理，这些优点成为等优点北方的室内美化植物很不错的选择上。

【环保功效】

散尾葵被誉为"天然的增湿器"，因极强的蒸腾力，每天可蒸发 1L 水，既增加室内空气湿度，还能增加室内负离子浓度，有益人们身体健康。

【栽培指南】

（1）温度　散尾葵喜高温多湿和半阴环境，怕强光暴晒，不耐寒。

（2）浇水　散尾葵最宜摆放在室内光线明亮区，在阴暗区也可连续摆放 4～6 周。盆土经常保持湿润，但不得积水，并保持较高的空气湿度。生长旺盛期需经常向叶面喷水。

（3）施肥　散尾葵全年生长出来的叶片并不算多，但是需要勤加施肥，叶片才会更加美丽、舒展。一般以氮肥为主、磷钾肥为次即可。生长温度条件下每半月浇灌液态肥料一次或

图 6-2　君子兰盆栽

每月施固态肥料一次。冬季温度不适宜时暂停施肥。

（4）病虫害防治　散尾葵除了因环境不适及养护不当造成的生理性病害外，还有红蜘蛛、介壳虫等常见的虫害，所以及时防治是养护散尾葵的最佳方式之一。

（5）冬季养护　散尾葵在冬季宜摆放在阳光充足区，盆土见干见湿，也需要向叶面经常性地喷少量的水分和擦洗叶面，保持叶面整洁。室温宜维持在 10℃ 以上，低于 5℃ 叶片会泛黄，叶尖会干枯，导致根部受害，影响翌年生长。

（6）土壤　散尾葵对土壤要求不严，但喜腐殖质丰富、疏松的砂质壤土。盆土用园土、腐叶土各 4 份和黄沙 2 份混合配制成的培养土。生长期每 1～2 周施 1 次稀薄液肥。

（7）繁殖　散尾葵的种子不易采集到，一般多用分株繁殖。盆栽 3 年以上的散尾葵可以分株，选萌蘖苗多的母株，将其挖出，切割萌蘖苗，最少 2 个萌蘖苗即可为一丛盆栽。

（8）换盆与修剪　散尾葵老株 3 年左右换盆，春季换盆可结合分株繁殖进行。大型散尾葵因枝丛过密，春季换盆时，除疏剪枯枝残叶外，还需要将密丛抽稀，先将软弱枝除去，再除过密枝，使整株通风透光，又保持优美姿态（图 6-3）。

三、蒸腾高手：澳洲鸭脚木

澳洲鸭脚木，又名昆石兰遮树。叶片阔大，柔软下垂形似伞状，易于管理，是较易水培的观叶植物，也为优良的大型盆栽观叶观花植物。

【环保功效】

澳洲鸭脚木蒸腾作用的效率高，能增加空气湿度，释放较多负离子，使室内空气更加清

图 6-3   散尾葵盆栽

新，还能吸收室内多种有害物质。适宜摆放在客厅及房间走道旁。

【栽培指南】

（1）温度   澳洲鸭脚木喜温暖、湿润、阳光充足的环境，不耐阴，不耐寒，怕强光暴晒，可以摆放在室内阳光充足且通风的地方。夏季中午前后要遮阳。

（2）水肥管理   澳洲鸭脚木在生长期盆土要保持经常湿润，也不能积水和过干。盛夏高温期，除每天浇水保持盆土湿润外，还需要适当向叶片喷些水帮助其生长。冬季多受光，停止施肥，控水。室温宜在 15℃ 左右，低于 10℃ 易落叶（图 6-4）。

（3）病虫害防治   澳洲鸭脚木要注意叶斑病、炭疽病、介壳虫的防治。

（4）土壤   澳洲鸭脚木喜土壤肥沃、疏松、排水良好的砂质壤土，适应性强，盆土用园土、腐叶土各 4 份和黄沙 2 份混合配制成的培养土。生长期每月施肥 1 次。

（5）繁殖

① 播种。采种后立即播种。

② 扦插。5～9 月进行，插后 4～6 周可生根。

③ 高压。5～6 月进行。

④ 水培。较易水培。春季截取一年生枝条长 8～10cm，摘除基部叶片，插入容器中，浸水 3～4cm，将容器置于通风偏阴处，每 2～3 天换清水 1 次。4～6 周可长出水培根。也可在生长期选健壮、大小合适的土培澳洲鸭脚木，疏剪地上部和烂根，用清水冲洗根系，然后定植于容器中，注入清水为根系深的 2/3，置于通风偏阴处，每 2～3 天换清水 1 次，并进行叶面喷雾，3～4 周长出水培根。长出水培根并较适应水培环境后，改用观叶植物营养

图 6-4　澳洲鸭脚木叶片

液培养，每 1～2 周更换营养液 1 次。

（6）修剪与换盆　澳洲鸭脚木生长较慢，2～3 年换盆 1 次。换盆时对根系要修剪，对地上部要短截，控制高度。对生长已多年、过于庞大的植株，结合换盆要重剪，剪去部分老根、枯根，修去大部分枝条，使其通风透光，然后重新盆栽。

四、神奇"制氧机"：彩苞凤梨

彩苞凤梨（图 6-5）叶宽线形、绿色、有光泽，苞片蜡质，鲜红色似火炬，花期长，为室内中、小型盆栽花木。

【环保功效】

彩苞凤梨夜晚能吸收大量二氧化碳、释放出大量新鲜氧气，也能增加空气中负离子浓度，有利空气净化，清新宜人。

【栽培指南】

（1）温度与环境　彩苞凤梨喜高温多湿和阳光充足环境，耐阴，怕强光直射，不耐寒。室内可摆放在阳光充足区，最好每天有 3～4 个小时的直射光，有利开花。但中午光线太强必须遮阳。彩苞凤梨虽能耐阴，但光线过分暗弱，不能正常开花，而且花色不够艳丽。冬季仍需摆放在阳光充足区，室温保持在 10～15℃。

（2）浇水　彩苞凤梨生长期盆土应保持湿润，不宜过湿或积水，并向叶面喷水。还要向莲座状叶筒中贮水，并不断补充水分。

（3）施肥　彩苞凤梨生长期每月施肥 1 次，并增施 2～3 次磷、钾肥。冬季盆土保持湿润偏干即行，停止施肥。

（4）土壤　彩苞凤梨适宜在肥沃、疏松、排水良好的砂壤土上生长。

（5）盆土选择　彩苞凤梨的盆土用园土、腐叶土各 4 份和黄沙 2 份混合配制成的培养土。

（6）病虫害防治　彩苞凤梨常见叶斑病危害，可用 50％托布津可湿性粉剂 500 倍液喷

图 6-5　彩苞凤梨

洒防治。有时有粉虱和介壳虫危害，用 40%氧化乐果乳油 1000 倍液喷杀。

（7）繁殖　彩苞凤梨常用分株繁殖。结合春季换盆进行，将母株两侧带根的萌蘖芽切割下来，分别盆栽，给予短期遮阳，并向叶面喷水。

（8）换盆与修剪　彩苞凤梨每 2 年换盆 1 次，换盆时清除根颈部过长须根和枯萎黄叶。对不留种的花苞从茎部除去，减少养料消耗，有利萌蘖苗生长。

（9）摆放位置　适宜摆放在客厅、书房、卧室（图 6-6）。

五、吸碳释氧"能手"：水塔花

水塔花（图 6-7）叶片青翠有光泽，丛生的莲座状穗状花序直立。苞片粉红色，花冠朱红色，鲜艳美丽，花期可长达 4 周左右，为中、小型盆栽花木。

【环保功效】

水塔花在夜间能吸收二氧化碳，释放出大量新鲜的氧气，能增加室内负离子浓度。

【栽培指南】

（1）温度与环境　水塔花喜温暖湿润、半阴环境。生长期可摆放在室内光线明亮区，但需避开中午的强光，特别是夏季的强光。冬季的室温应保持在 10～15℃，不得低于 5℃，并摆放在室内阳光充足区，多接受阳光照射。

（2）浇水　水塔花平时盆土要保持湿润，当盆土表面露干即应浇水。水塔花的叶基部互相紧密抱合成空心筒状，能贮水而不漏，这也是水塔花名称的来源。因此在生长期叶筒内须

图 6-6　彩色凤梨盆栽

灌水贮满，有利吸收。但叶筒内贮的水，时间不宜过长，否则会发臭，一般约半个月换清水1 次。冬季叶筒内保持微湿即可。夏季和气温干燥时，还要经常向叶面喷水，保持较高的空气湿度，但盆土不得积水，否则易烂根或整株死亡。

（3）施肥　水塔花生长期约半个月施稀薄肥 1 次，开花前增施 1～2 次磷、钾肥，能使花的色彩鲜艳，枝叶挺拔。花后有短暂的休眠期，停止施肥。

（4）换盆　水塔花每年换盆 1 次。生长期部分枝叶干枯时应及时除去，保持株形美观整洁（图 6-8）。

（5）虫害　水塔花主要有叶斑病和病毒病危害。叶斑病用 50％托布津可湿性粉剂 1000倍液喷洒；病毒病用 20％盐酸吗啉呱铜可湿性粉剂喷洒，每周 1 次，连喷 2～3 次。

（6）土壤　水塔花喜含腐殖质丰富、排水良好的酸性砂质壤土。盆土用腐叶土 6 份和园土、黄沙各 2 份混合配制成的培养土。

图 6-7　水塔花

图 6-8　水塔花盆栽

（7）繁殖 水塔花常用分株法。春季结合换盆进行，母株开花后即枯死，换盆时将母株切除，以便萌发新芽。同时将株丛基部的萌蘖芽切割下来，插入盆内，浇水后置于庇荫处，经4～6周即可生根。

（8）摆放位置 适宜摆放在客厅、卧室。

六、"家庭氧吧"缔造者：火轮凤梨

火轮凤梨（图6-9）为多年生草本观赏植物，高度5～40cm不等。茎短，叶硬，呈莲座状叶丛，叶片基部多数种类相互紧叠，中心呈杯状形成一个不透水的组织，承担着"贮水器"的作用。叶色多为绿色，部分具有红、黄、白、绿、褐、紫等色彩相间的纵向条纹或横向斑带。花序五彩缤纷，一部分小花常被美艳的苞片包着，有红、橙、粉、黄、绿、蓝、紫等单色或混合色，花期可长达2～6个月之久。

【环保功效】

火轮凤梨夜间释放氧气。大多数植物的叶片白天进行光合作用，到了晚上，气孔关闭植株进入睡眠状态，而凤梨科植物则正好相反，因此，居室摆放一盆凤梨，就意味着拥有一个"家庭氧吧"。同时，凤梨还可增加空气湿度，提高空气中的负离子含量。火轮凤梨应置于有散射光照的客厅或卧室半阴通风处。

【栽培指南】

（1）温度 火轮凤梨生长适温21～28℃，冬季室温应在10℃以上。放在光线明亮处养护，忌阳光直射。

（2）浇水 火轮凤梨忌用含高钙、高钠盐的水浇灌。水的pH值应在5.5～6.5。平时应保持"叶杯"内有水，每天向叶面喷雾1～2次；冬季温度偏低应少喷水。

图6-9 火轮凤梨

（3）施肥　火轮凤梨喜高湿环境，空气湿度宜维持在 60%～80%。每 10 天需向"叶杯"内施肥料。肥料适宜的氮、磷、钾比例为 1：0.5：1。硫酸镁的含量以 3% 为佳。肥液 pH 值 5.5～6.0，浓度 0.5%～1%。

（4）病虫害防治　火轮凤梨向"叶杯"中浇灌净化水可预防心腐病。心腐病发病初期，倒干叶筒内水分，用 50% 多菌灵可湿性粉剂 500 倍液灌注"叶杯"2～3 次。加强通风可预防红蜘蛛和介壳虫。

（5）土壤　火轮凤梨盆栽基质可用泥炭土、珍珠岩、粗沙以 4：3：3 的比例混合配成。

（6）上盆　火轮凤梨上盆栽植深度以基质不进入心部为好，宜用小盆、浅盆栽植。

（7）繁殖　火轮凤梨可通过播种、分株等方法繁殖。

① 种子繁殖。凤梨因种苗生长缓慢、长势较弱，一般要栽培 5～10 年才能开花，除育种外一般不用此法，家庭栽培常采用分株繁殖的方法。

② 分株繁殖。火轮凤梨花谢后，基部叶腋处会产生多个吸芽。通常以 4～6 月为分株的适宜时期。待吸芽长至 10cm 左右、有 3～5 片叶时，先把整株从盆中脱出，除去一些盆土，一手抓住母株，另一只手的拇指与食指紧夹吸芽基部，斜下用力即可把吸芽掰下来。伤口用杀菌剂消毒后稍晾干，扦插于珍珠岩、粗沙床中。保持基质和空气湿润，适当遮阳，过 1～2 个月有新根长出后，可转入正常管理。但应注意，吸芽太小时扦插易腐烂，不易生根；太大时，消耗营养太多，降低繁殖系数。

七、绿色加湿器：绿巨人

绿巨人（图 6-10）为多年生常绿草本。株高 1m 左右，是苞芋属中的大型种类之一。绿巨人原产哥伦比亚等南美洲地区原生热带雨林中，是我国近年来引进并颇受养花者喜爱的新花种，已成为大量南花北调的新花卉之一，现在我国许多大中城市均有栽种。

【环保功效】

绿巨人的叶型优美，花朵洁白，观赏性强；它的蒸发量较大，可提高室内的湿度。绿巨人对氨气和丙酮有较强的抑制能力，还可过滤空气中的苯、三氯乙烯及甲醛等有害气体。

【栽培指南】

（1）环境　绿巨人对光照很敏感，喜半阴，怕日晒，摆放在散射光亮处即可正常生长；长期放在过于阴暗处，不仅生长衰弱，缺乏生气，而且不易形成花芽并开花，降低观赏效果，故应经常给以一些散射光，以保证其健康成长。

（2）浇水　由于绿巨人的叶片硕大，根系发达，故宜选用深筒花盆；它的吸水吸肥能力很强，必须有充足的水分供给，稍一缺水就会出现萎蔫。如果缺水严重，一旦叶片枯焦，植株就会难以恢复，所以在养护时要特别注意有充足的水分供给，并保持空气的湿度。在夏秋的高温季节，还要经常向叶面喷水，以求降温保湿的作用，这才有利于保持叶片的清新油绿。

（3）施肥　绿巨人所需营养也多，一般每半个月要施 1 次稀薄的饼肥水。长期放室内养护时，最好施用复合肥，以此促使植株生长健壮，叶色光亮。

（4）盆土　绿巨人选择盆栽时，可用腐叶土、泥炭土，再加少许河沙、珍珠岩等混合配制成培养土，另加少量骨粉、腐熟的禽畜粪干或腐熟的豆饼等作基肥，最好能增施草木灰等钾肥以助生长，使茎、叶挺立青翠，不致倒伏。

图 6-10　绿巨人盆栽

（5）换盆　为保持绿巨人植株匀称，每隔半个月要转动 1 次花盆，以防植株长偏。绿巨人的萌蘖力强，宜在每年的早春时换 1 次盆。

（6）繁殖　绿巨人常用分植方法进行繁殖。分株宜在开花后进行，分株时将整株从盆内托出，从株丛基部将根茎切开，每丛至少要有 3～5 枚叶片，另外进行栽植。栽后要浇足定根水，用塑料薄膜遮盖保湿，置于无阳光直射处；若是露天苗床，则需要适当进行遮阴。以后加强水肥管理，约 3 个月后即可上盆移栽。

八、空气清新剂：八宝景天

八宝景天（图 6-11）花色艳丽，花期长久不衰，园林中常将它用来布置花坛，也可以用作地被植物，填补夏季花卉在秋季凋萎没有观赏价值的空缺，部分品种冬季仍然有观赏效果。植株整齐，生长健壮，花开时似一片粉烟，群体效果极佳，是布置花坛、花境和点缀草坪、岩石园的好材料。

【环保功效】

景天类植物夜间进行光合作用，吸收二氧化碳，放出氧气，增加空气中的负离子浓度。

【栽培指南】

（1）温度　景天类植物管理简单，基质要求排水良好、无病虫害，pH 值为 5.5～6.0。夜间生长的适温为 15～18℃，白天生长适温为 24～26℃。

（2）施肥　景天类植物极耐瘠薄，一般不需施肥。若确实需要施肥养护的，可在生长季

图 6-11　八宝景天

施 1～2 次肥料，浓度一定要低，以有机氮肥为主。可在早春季节植物新芽刚开始萌动时，在土壤表面撒施有机肥料，注意一定要量小，要根据肥料包装上的施用方法来进行，切不可随意加大用量。

（3）浇水　八宝景天应该引起注意的是，浇水量、浇水次数要少，切不可浇水过量。上盆后的 10～14 天内，遵循"见干见湿"的原则适量喷水，勿使土壤过分浸润，否则会引起根部腐烂。在生长季时，可适度浇水，在土表下 2cm 处干燥后才可浇水，因为景天类植物根部细小，多集中在土壤表面 2cm 以内的有限空间内。冬季尽量不要浇水，除非植株因缺水而出现萎蔫时才可浇灌。浇水前，待土壤上部至少 2/3 干时才可进行。夏季若长时间不下雨时，则每周浇水 1 次，秋季花后或春季需要将老化枯黄的地上部分剪除，促进新芽萌发，但要注意勿将新生的幼芽剪掉。

（4）病虫害防治　景天类植物病虫害较少，有时发生白绢病为害，可用 50%，托布津可湿性粉剂 500 倍液喷洒。虫害有蚜虫，可用辛硫磷乳剂 1000～1500 倍液喷杀。

（5）繁殖　八宝景天的繁殖方法简单，可用分株、茎或叶片扦插或用种子繁殖。以扦插繁殖最为普遍。扦插繁殖时，挑选长势良好、无病虫害的母株，剪取 10cm 左右的茎段，除去插条的下部叶片，在阴凉处晾 1～2 天。生根基质一定要排水良好，可选用河沙或泥炭土作为生根基质，沙与泥炭土的比例为 1∶1，为了减少成本，亦可用含有碎砖块的建筑下脚料。容器可用花盆。扦插时，插条入土 4cm，炎夏季节扦插苗生根期间可用遮阴网遮挡部分阳光。注意经常喷水，保持基质湿润，但不可长时间积水，直至新根长好，植株有明显的生长时说明根系已经长好，此时可除去遮阴网，使基质偏干。采取扦插方法生根迅速，且不用蘸取生根激素，一般夏季 7 天即可生根，扦插后 3～4 周植株即开始生长，有的长出侧芽，有的在顶部继续生长。

（6）摆放位置　白天可以放置于阳台或者有阳光直射的窗台上，晚上可在卧室摆放（图 6-12）。

图 6-12　八宝景天盆栽

九、夜间健康"守护者"：长寿花

长寿花（图 6-13）株型矮小紧凑，枝密叶肥、花繁色艳，从冬至春，开花连绵不断。为优良的冬季、早春观赏盆花，是圣诞节、元旦、春节观赏的理想花卉，也是祝贺生日、馈赠老人和友人的佳品。

图 6-13　长寿花花朵

【环保功效】

长寿花可在夜间吸收二氧化碳、放出氧气，提高夜间空气质量。

【栽培指南】

(1) 温度　长寿花生长适温 15～25℃，冬季室温应在 12～15℃。除盛夏需放在阴凉处外，其他季节应放于光照充足处养护。

(2) 水肥　天气干燥时，给长寿花植株喷水。生长期保持土壤湿润。盛夏待盆土干透再浇。生长期每 15 天施 1 次 10 倍液腐熟饼肥水，现蕾后增施 1 次 0.2％磷酸二氢钾溶液。

(3) 病虫害防治　长寿花要防治白粉病和叶枯病，可用 65％代森锌可湿性粉剂 600 倍液喷洒。防治介壳虫和蚜虫，可用 2.5％溴氰菊酯乳油 1000 倍液喷洒。

(4) 修剪　长寿花换土换盆在每年春季花谢后进行。植株长到约 10cm 高时，进行摘心，长出的分枝留下 2～3 个健壮的，待分枝长到 7cm 左右时，再摘心 1 次。花谢后要及时剪掉残花。花期控制 15℃左右，每天给予 8～9 小时的光照，持续 3～4 周，即可出现花蕾开花。

(5) 土壤　长寿花盆栽基质用园土、腐叶土、沙以 2：2：1 的比例混合配成，用少量骨粉作基肥。

(6) 繁殖　长寿花繁殖方法用扦插法。在 5～6 月份或 9～10 月份进行。

① 茎插。选稍成熟的肉质茎，剪取约 7cm 长，去掉基部叶片，插于沙盆中。半阴环境保湿，20℃左右条件下，约 15 天生根，30 天可上盆。

② 叶插。将健壮充实的成熟叶片从叶柄处剪下，待切口稍干燥后斜插或平放沙床上，管理同茎插。

(7) 摆放位置　适合布置于光线充足的客厅、卧室、书房的窗台、桌旁等处（图 6-14）。

图 6-14　长寿花盆栽

十、净化空气：波斯顿肾蕨

波斯顿肾蕨（图6-15）是肾蕨突变体，也是近几年流行的室内盆栽观赏蕨类。波斯顿肾蕨为下垂性生长的蕨类植物。细长羽状复叶，淡绿色，有光泽，向下弯曲生长，既潇洒又优雅，使自然生机充盈室内。

【环保功效】

波斯顿肾蕨的净化功能强，对室内多种有害物质具有强的吸收和净化能力。蒸腾作用效率高，能调节室内空气湿度，并能释放出较多的负离子，使室内空气清新宜人。

【栽培指南】

（1）温度、光照　波斯顿肾蕨性喜温暖湿润及半阴环境，忌酷暑。可长期垂吊在室内光线明亮区，但需注意不得使其受到强光直射，否则淡绿色有光泽的叶片会变黄或叶缘干枯；也不宜垂吊在光线过于阴暗处，否则没过几周叶片就会脱落。

（2）浇水　波斯顿肾蕨对水分要求严格，盆土不宜过湿过干，经常保持盆土湿润。夏季高温时每天要喷水2～3次，提高四周空气湿度。冬季要控水，以盆土略湿为度。室温保持在6℃以上即能安全越冬。

图6-15　波斯顿肾蕨盆栽

（3）施肥　波斯顿肾蕨在生长期每月施肥1次，施肥时肥液不得沾污叶片，如不慎沾污叶片，应用水冲去，否则叶片会有损伤。

（4）换盆与修剪　波斯顿肾蕨植株生长较快，根系会布满盆底，应每年或隔年换盆1

次，春季换盆时疏剪老根及过长根。平时应随时将枯黄老叶剪去，保持全株整洁和通风透光。

（5）盆土　波斯顿肾蕨喜疏松、透气的中性或微酸性土壤。盆土用腐叶土、黄沙各1份混合配制成的培养土。

（6）繁殖　波斯顿肾蕨土培常用分株和走茎繁殖，也可水培。波斯顿肾蕨的叶背不能产生孢子囊群，因而不能采用蕨类植物惯用的孢子繁殖法。波斯顿肾蕨的水培繁殖：水培材料的获取可结合土培分株，将带5枚叶左右并带根系的小丛，通过洗根并剪去枯根、过多的老根，然后定植于透明容器中，注入为根系2/3深的清水。每2～3天换清水1次，约半个月左右长出水培根，在较适应水培环境后，改用观叶植物营养液培养。每2～3周更换营养液1次。

（7）摆放位置　波斯顿肾蕨为室内小型盆栽花木，适宜室内窗前、卫生间垂吊。

第二节　室内去除异味的花卉推荐

随着人们居住条件的改善，乔迁新居的人们越来越多。而迁入装饰一新的新居后不久，家里的人却常常感觉有头疼胸闷、精神不振、睡眠不好等现象，据调查，这可能与室内装修材料与新家具造成室内有害气体超标有关。因此，本节推荐能去除异味、净化居室空气的几种花卉绿植。

一、提神安眠：迷迭香

迷迭香（图6-16），又名海水之露、圣玛丽亚的玫瑰、香草贵族、迷蝶香、油安草、海上灯塔等。多年生常绿小灌木，原产于地中海沿岸西班牙与葡萄牙等地区。购买时根据摆放空间的大小选择植株，植株要求健壮，枝叶繁茂，摸之便能闻到香气的为好。

【环保功效】

迷迭香叶带有微微茶香，弥漫在空气中，会使人进入一种松弛舒适的情绪境界，可缓解疲劳，安神静心。用干燥枝叶做成香枕、香袋，有提神安眠的效果。

【栽培指南】

（1）选盆　迷迭香直径20～25cm的陶盆或塑料盆。

（2）配土　盆栽迷迭香用肥沃园土、泥炭土和粗沙（比例为4∶3∶3）的混合土。

（3）浇水　迷迭香盆土保持偏干，浇水不宜多。

（4）施肥　迷迭香生长期每月施肥1次，花期前增施1～2次磷、钾肥。

（5）病虫害防治　迷迭香很少发生病虫害，有时土壤湿度过大，容易遭受真菌危害，发生植株枯萎死亡，栽培时注意雨后及时排水。

（6）修剪　迷迭香直立的品种很容易长得很高，在种植后开始生长时要剪去顶端，侧芽萌发后再剪2～3次，这样植株才会低矮整齐。

（7）繁殖

① 播种。春季室内盆播，发芽室温18～21℃，播后10～18天发芽。

② 扦插。春秋季剪取半成熟枝10～12cm，插入泥炭土，在室温16～20℃下20～25天生根，2周后可盆栽（图6-17）。

图 6-16　迷迭香花朵

图 6-17　迷迭香盆栽

（8）摆放位置　迷迭香喜阳光充足，适合摆放在客厅、书房、厨房等光线明亮、通风透气处。待盆面干后适当浇水，平常不宜浇水过多，应保持盆土排水良好，相对干燥。

二、静心安神：碰碰香

碰碰香（图 6-18）为灌木状草本植物。茎枝呈棕色，嫩茎绿色或泛红晕。叶卵形或倒卵形，光滑，边缘有些疏齿。伞形花瓣，花有深红、粉红、白色、蓝色等。

图 6-18 碰碰香

【环保功效】

碰碰香的香气可使人放松，并对空气有一定净化作用。将碰碰香叶片捣碎时会散发出草香味，能起到静心安神的作用。选购碰碰香要求株型紧凑、矮壮，叶片灰绿色，密生绒毛，叶面无缺损，触摸时有明显芳香感为好。

【栽培指南】

（1）光照　碰碰香喜阳光，但也较耐阴。不耐水湿，喜温暖，怕寒冷，需在温室内栽培。冬季需要 5～10℃的温度。碰碰香喜欢阳光充足的环境，强光下肉质叶片才会厚实，光照不足叶子会变扁而薄。

（2）选盆　碰碰香选用直径 15～20cm 的塑料盆或陶盆，每盆栽苗 3 株。

（3）配土　碰碰香盆栽用肥沃园土、泥炭土和腐叶土（比例为 4：3：5）的混合土。

（4）浇水　碰碰香生长期盆面干透后浇水，但不能积水。冬季减少浇水。

（5）施肥　碰碰香 4～10 月每月施肥 1 次，用腐熟饼肥水或"花宝"5 号复合肥。

（6）病虫害防治　碰碰香很少发生病虫害，在土壤过湿、空气湿度过大和叶片上滞留水分时，植株易枯萎死亡，浇水时不要喷湿叶面，也不要过量。

（7）修剪　因碰碰香极易分枝，以水平面生长，所以定植时株行距宜宽，才能使枝叶舒展。适度修剪可促使分枝，生长健壮。

（8）繁殖

① 播种。种子成熟后即采即播，播后盖一层薄土，稍压实，及时浇水。发芽适温 19～24℃，播后 7～10 天发芽。

② 扦插。全年均可进行，以春末最好，剪取顶端嫩枝，长 10cm 左右，插入泥灰土中，插后 4～5 天生根，1 周后可移栽上盆。

（9）摆放位置　碰碰香喜温暖、湿润和阳光充足的环境，怕寒冷，不耐水湿。生长适温 10～25℃，冬季温度不低于 5℃，适合摆放在阳台、窗台、客厅和书房（图 6-19）。

图 6-19　碰碰香盆栽

三、吸附异味：百合花

百合，又名倒仙、强瞿、山丹、番韭，为百合属百合科多年生草本球根植物，茎直立，不分枝，花着生于茎秆顶端，呈总状花序，簇生或单生，花冠较大，花筒较长呈漏斗形喇叭状（图 6-20）。主要品种有宫灯、卷丹、兰州、铁炮、豹纹、杂交百合等。

【环保功效】

百合花能释放出一种淡而不俗的清香，那种香味浓郁之余又不会刺激大家的嗅觉，可以起到净化房间的空气、吸附异味的作用，并通过光合作用释放出干净的氧气。

【栽培指南】

（1）温度　百合的生长适温为 15～25℃，温度低于 10℃，生长缓慢，温度超过 30℃ 则生长不良。生长过程中，以白天温度 21～23℃、晚间温度 15～17℃ 最好。促成栽培的鳞茎必须通过 7～10℃ 低温贮藏 4～6 周。

（2）浇水　百合需要湿润的水来栽培，这样有利于茎叶的生长。如果土壤过于潮湿、积水或排水不畅，都会使百合鳞茎腐烂死亡。盆栽百合浇水应随植株的生长而逐渐增加，花期供水要充足，花后应减少水分，地上部分枯萎后要停止浇水。

（3）病虫害防治　百合花病虫害主要有黑斑病、灰霉病和锈病危害，可用 25% 多菌灵可湿性粉剂 500 倍液喷洒防治。虫害有蛴螬、蚜虫危害，可用 50% 敌敌畏乳油 1000 倍液喷杀。

（4）土壤和光线　整地和施肥要注意，百合适应性较强，以气候温和阳光充足为好。土

图 6-20　百合花

壤以土层深厚、排水良好的沙质壤土为宜，黏土次之，涝洼积水的土地不宜种植。

（5）四季养护　春季新种上的百合要保持盆土湿润和充足的光照，不需要施肥，随着植株的长大，适当地增土，达到盆缘时停止加土，后开始追肥；初夏是百合生长的旺季，天气干旱时须适当勤浇，并常在花盆周围洒水，以提高空气湿度。花芽分化期、现蕾期和花后低温处理阶段要时常保持土壤湿润。每隔 10～15 天施一次（对磷肥要限制供给，因为磷肥偏多会引起叶子枯黄）；在秋季要对百合进行换盆，然后重新按级别栽种。百合较耐寒，所以在南方的冬季可放置在室外养护，北方如温度低于 0℃ 则要放在室内。

（6）家庭摆放　百合花高雅纯洁，加之良好的寓意，是家庭装饰植物的优选品种。适合摆放在客厅博古架、书桌等处。

四、安神除臭：茉莉

茉莉是常绿小灌木或藤本状灌木。茎直立或蔓生，株高可达 1m。枝条细长，略呈藤本状。叶对生，光亮，卵形或椭圆形。叶脉明显，叶面微皱，叶柄短而向上弯曲，有短柔毛，初夏由叶腋抽出新梢。聚伞花序，顶生或腋生，花冠白色，极芳香，花期 6～11月（图 6-21）。

【环保功效】
茉莉的香气不仅能够清除室内异味，还有清洁呼吸道、安神的作用。

【栽培指南】
（1）盆土　茉莉盆栽（图 6-22）基质可用腐叶土、园土、沙以 3∶2∶1 的比例混合配成，用腐熟的鸡粪作基肥。

（2）温度与环境　茉莉生长适温 25～35℃，冬季室温应在 10℃ 以上。应放在强光处栽培养护。

（3）浇水　茉莉生长期内需经常喷水保湿，盆土不干不浇，浇则浇透，冬季休眠期应保

图 6-21　茉莉花

持盆土偏干。生长期每 7 天施 1 次 10 倍液的矾肥水，每 15 天施 1 次麻酱渣干肥。

（4）肥水管理　茉莉盛花后剪去残花，施 1 次 5 倍液的腐熟饼肥水，可促进生蕾开花。天气转凉应控制肥水。

（5）病虫害防治　茉莉防治红蜘蛛用 40％三氯杀螨醇 1000 倍液喷洒。介壳虫可人工刷除。

（6）修剪　春季茉莉换盆土时，先剪去枯枝败叶，再将上年的枝条保留基部 10～15cm 剪短，太老的枝条从基部剪去。

图 6-22　茉莉盆栽

（7）繁殖　茉莉的繁殖方法用扦插法。6～8月份剪取嫩枝扦插，剪成带有3个节的插穗，去除下部叶片，插在蛭石中，在遮阴、保湿、30℃条件下，约30天生根。

茉莉花落蕾、早谢的主要原因如下。

① 浇水过多。茉莉花喜湿润，但怕积水，若平时浇水过多而土壤又排水不畅，使盆土积水或长期潮湿，就易引起落蕾，花朵早谢，甚至整株死亡。

② 浇水过少。若盆内水分不能满足植株生育的需要，也易引起落蕾、早谢。

③ 茉莉花在开花期间，如日照不足，通风不良，也会引起落蕾和早谢。因此，为使茉莉花开花持久，孕蕾期间要特别注意给予充足的养分，还应注意合理浇水，并使其接受充足的光照和通风良好的环境条件，这样就能避免落蕾和早谢现象的发生。

（8）摆放位置　在书房或者卧室摆放1～2盆茉莉，可感受花香，有助于缓解高血压、呼吸系统疾病和神经衰弱患者的病情。

五、增强空气香气：栀子花

栀子花（图6-23）是大家比较熟悉的花，人们都喜欢在家里养植，它不仅可以改善家居环境，而且能改善空气质量。

【环保功效】

栀子为景天酸代谢植物，作居室绿化装饰，可保持室内空气清新。

【栽培指南】

（1）择土　栀子花喜欢有肥力、土质松散、排水通畅、质地微黏的酸性土壤，在碱性土壤中生长容易变黄，是典型的酸性植物。

（2）选盆　栽种栀子花宜选用较浅或中深的紫砂盆，不宜用塑料盆。

（3）光照　栀子花喜欢光照充足，也能忍受半荫蔽环境，怕强烈的阳光久晒，夏天正午前后应留意为其适度遮蔽阳光。

图 6-23　栀子花

（4）温度　栀子花喜欢温暖，具一定的抵御寒冷的能力，在我国长江以南区域栽植时能露地过冬，在北方区域仅适合用盆栽植，冬天要移入房间里并摆放在朝阳的地方。

（5）浇水　栀子花喜欢潮湿，平日需让土壤维持潮湿状态，并留意提高空气相对湿度，浇水适宜用雨水或经发酵后的淘米水。夏天除了浇水之外，还需每天清晨和傍晚分别朝叶面喷水一次，以提高空气相对湿度，令叶片表面有光亮。8月开花后仅可浇灌清水，并控制浇水的量。冬天浇水宜少，使土壤处于潮湿而偏干状态，可经常用清水喷洒植株的叶片表面，以令其光滑、洁净。

（6）施肥　栀子花上肥，在生长季节需经常施用追肥，每月施用一次浓度较低的肥料，或每隔10～15天浇施0.2％硫酸亚铁水或矾肥水一次，可以避免土壤转为碱性，给土壤补给铁元素，避免植株的叶片发黄。在开花前要加施1～2次磷、钾肥，能促进花朵长得硕大。

（7）栽培　将栀子花幼苗的根部浸泡在水中，每天换水一次，一周后才可上盆栽植。在花盆底部铺上一层砖瓦片，以利于排水，然后加入一层土壤。将栀子花幼苗置入盆中，继续填土，然后将土壤轻轻压实，浇透水分即可。

（8）繁殖　栀子花可采用播种法、扦插法、分株法及压条法来繁殖，其中以扦插法与压条法最常用。其中嫁接繁殖的方法是：因体内无叶绿素，因而不能自营生长，必须经嫁接繁殖，让砧木提供生长发育所需的养分。嫁接宜在5～10月进行，砧木用三角柱，取植株旁边生出的健壮、色纯、茎粗约1cm的小球为接穗，用平切法嫁接。在25℃左右的室温条件下，嫁接后7～10天可愈合成活。

（9）摆放位置　栀子花具有较强的环保功能，可以直接栽种在庭院露地，也可以盆栽摆放在客厅、卧室、书房，还可以制成插花或花篮装点居室。

第三节　驱蚊蝇的五大植物高手

夏季来到，随着天气的变化，讨厌的蚊蝇开始骚扰人们休息。特别是毒蚊的叮咬，使人被咬处肌肉红肿、瘙痒不止。若家里栽种几盆能驱蚊蝇的花卉，既能得赏花之美，又能避蚊蝇骚扰，真是一举两得。

一、芳香"药草"：薰衣草

薰衣草，又名香水植物、灵香草、香草、黄香草。其叶形花色优美典雅，蓝紫色花序颀长秀丽，是庭院中一种新的多年生耐寒花卉，适宜花径丛植或条植，也可盆栽观赏（图6-24）。

【环保功效】

薰衣草具有"芳香药草"之称，适用于所有肤质，能够促进细胞再生、加速伤口愈合、改善粉刺、脓肿、湿疹，平衡皮脂分泌，对烧烫灼晒伤有奇效，可抑制细菌、减少瘢痕。薰衣草味道香浓，可改善失眠、镇定情绪、抑郁，解除身体不适，在精神和心灵上达到一种宁静，从而达到美容之功效，而且其花叶还可以抗菌防虫，有一定的驱蚊效果。

【栽培指南】

（1）温度　薰衣草喜温暖湿润的气候，适宜生长温度为15～30℃，35℃以上，茎叶枯黄；0℃以下则开始休眠。

（2）形态特征　薰衣草为唇形科熏衣草属半灌木或矮灌木，分枝，被星状绒毛，在幼嫩部分较密；老枝灰褐色或暗褐色，皮层作条状剥落，具有长的花枝及短的更新枝。叶线形或披针状线形，在花枝上的叶较大、疏离，紫色花，花萼卵状管形或近管形。

（3）四季养护　薰衣草一年一次的换盆可在春季气温稳定后进行，定植后置于光照充足的阳台上培养，保持盆土的湿润，施淡肥；夏季要避开中午阳光的暴晒，于早晚接触光照，浇水也宜在此时进行，水不要溅在叶子及花上，否则易腐烂且滋生病虫害；秋季可适当增加光照的时间，并经常移至室外接受低温锻炼，以增强其御寒能力，减少浇水，保持土壤的偏干燥，少施肥；冬季应在全日照下栽培，最好放在阳光充足的窗台，保持温度在 5℃ 以上，浇水则应见干见湿，停止施肥。

图 6-24　薰衣草盆栽

（4）摆放位置　薰衣草优美典雅，适宜盆栽观赏，可置于茶几、书架、电视柜、电脑桌以及客厅书房、卫生间等地。

二、蚊虫"天敌"：蚊香草

蚊香草（图 6-25）是多年生草本植物，植株可高达 70～100cm，茎肉质多汁，基部木质化，多分枝，全身密被白色细毛，叶互生，叶柄长，叶片肥大深绿，叶缘深裂有锯齿，茎叶均有特殊芳香气味；伞状花序，顶生，总花梗长。花瓣有白、粉、紫等多色，花柱上有 5 个分枝；色彩艳丽美观，适合家庭盆栽观赏和驱蚊等多种作用。

【环保功效】

蚊香草除天竺葵独特的释放功能外，还兼具另一种植物中内含的香茅醛物质；蚊香草在生长过程中分泌和散发出的香茅气体不仅芳香怡人，而且能净化空气、杀菌消毒、驱避蚊虫、提神醒脑、增进食欲等神奇功能，是一种优良的观叶、赏花、闻香和净化空气的环保芳香类植物。蚊香草是生物界公认的自然生物驱蚊效果最好的、最理想的香味植物；但它并不灭蚊，只是驱赶蚊子，或者使蚊子失去攻击能力，因而对人畜无害，对人体没有任何不良反应，尤其适合婴儿使用。蚊香草是经过其叶片，自然释放出的"香茅醛"来达到驱赶蚊虫的效果，温度越高，香味越浓，驱蚊效果就越好。1株高20～25cm、盆冠幅20～30cm的蚊香草，驱蚊面积可达15～20m²。

图6-25　蚊香草盆栽

【栽培指南】

(1) 生长习性　蚊香草喜冷凉，忌炎热，最佳生长温度为10～25℃。在0℃以上即可安全过冬，15℃以上即可散发柠檬香味。对土壤要求不严，一般喜欢疏松、肥沃、排水良好的砂壤中性土。幼苗期的生长较快。一般用自配的营养土，半年后植株的适应性极强，此时可随意用土。耐旱怕涝，积水会引起烂根。春、秋两季是旺盛生长期。

(2) 繁殖方法　蚊香草适合小规模生产，一般用盆内扦插，数量多时常在阴床内扦插，扦插时间以3～4月份或8～9月份最为适宜。选取1年生、无病虫害、发育健壮的嫩梢为插穗，剪成长10～12cm一段，顶部留1片或半片叶子，剪下的插穗要先晾干伤口后再插，否则容易腐烂。扦插时先用细竹，将盆土或苗床插开一个小洞，再将插穗插入1/2～1/3，用手指揿紧，使之与泥土紧接。插后放置阴凉处，切忌阳光直射，还要保持盆土或苗床湿漉，20～30天后便会生根。也可用播种方法进行繁殖，一般是随采随播，出苗极易，用此法繁殖的幼苗的质量要差些。

(3) 栽培技术　蚊香草苗床上扦插的幼苗，待生根长出侧芽后要经过上盆或移栽定植工作。蚊香草喜阴，生长时不能强光照射，尤其在夏季要加强遮阴，可以种植在树下或遮阴处；家庭一般放在室内盆养。温度越高散发香气越多，适当向植株喷水雾，可使香茅醛物质源源不断释放，从而使驱蚊效果更佳，当温度超过35℃以上时，表现为半休眠状态。每次换盆后应浇1次透水，缓苗15天后呵开始施肥，可用水溶性复合肥追施。夏季高温时应少浇水，不施肥，这才有利于根系发达，提高它的抗病性。2年生盆栽植株的主干已木质化，根据生长特性，除进行修剪外，可根据个人爱好和市场需要，随意进行人工造型，分别剪成满天星、圣诞树、迎客树、红太阳、相思树等各种形状。

三、捉蚊又吸尘：食虫草

食虫草（图 6-26）是生长在北美洲沼泽地上的一种植物，长期受着养料不足之苦。因为极为潮湿的地盘被一种叫泥炭藓类的植物所霸占，它只能从直接落到茎叶上的雨和雪中获取水分。食虫草的食肉习性，就是在这样一种生存条件下逐渐形成的。

图 6-26　食虫草盆栽

【环保功效】

食虫草是一种菊科草本植物，可长到 1m 高，花小黄色，一株达数百只花头，各花头的外围苞片有黏液，就像 5 个伸开的小手指，十分有趣，只要有小蚊虫落在上面便被粘住，之后，虫子尸体被其慢慢消化作为其生长的营养，若有灰尘粘在上面数天后也被消化得无影无踪，盆栽摆放在家捉蚊又吸尘。

【栽培指南】

（1）温度　食虫草播种最低温最好是在 15℃以上，生长期越冬最低温度须在 10℃以上，北方地区宜在温室内越冬，以免遭受冻害。

（2）育苗　食虫草需在育苗箱或穴盘内播种育苗，育苗箱或穴盘应该放入温室或小弓棚内，以增加发芽率，而不宜在露地育苗。

（3）基质　食虫草的栽培基质应选用比较疏松、肥沃、持水能力较强的基质，也可采用市面上销售的育苗基质。

（4）播种　因食虫草种子细小，不便操作，最好将种子固定在吸水纸上，一个红圈内一粒种子，播种前将种子连同吸水纸一起剪下，用尖嘴钳夹住吸水纸，摆放在基质表面。播种量以每穴 1～2 粒为宜。

（5）出苗　温湿度适宜时，食虫草的出苗最快只需要 25 天左右，最慢的话则要在两个月之后才出苗。

（6）病虫害防治　食虫草幼苗生长比较缓慢，要注意预防病虫害，日常养护要注意通风透气，防止雨淋，还可喷洒 50％多菌灵可湿性粉剂 800～1000 倍定期喷雾。

（7）移苗　食虫草的幼苗一般长到 5cm 高后即可移入盆内培养，移苗的时候一定要带上护根，栽植最好深一点，每次比原土面深埋 1cm。食虫草最好是进行两次移栽之后再上盆培养，这样培养出来的苗比较健壮，而且叶片长而美观。

四、"驱蚊七变花"：逐蝇梅

逐蝇梅是非常重要的蜜源植物。品种为半直立状小灌木，株高 1m 左右，盆地两栽。17世纪由荷兰人引进栽植。由于生长势强，繁殖速度快，已有许多地区引进，不论庭园或荒山野外都有它的踪迹，生命力强。

【环保功效】

逐蝇梅花朵中挥发出令蚊蝇敏感的气味，具有很强的驱逐蚊蝇功效，而对人体无任何伤害。它不但驱逐蚊蝇效果好，而且花色艳丽，有红、黄、白等色，花朵初开时常为黄色或粉红色，随后逐渐变为橘黄色或橘红色，最后呈红色，有"驱蚊七变花"美誉（图 6-27）。

图 6-27　逐蝇梅花朵

【栽培指南】

（1）湿度　逐蝇梅喜欢湿润或半燥的气候环境，要求生长环境的空气相对湿度在 50％～70％，空气相对湿度过低时下部叶片黄化、脱落，上部叶片无光泽。

（2）光照　逐蝇梅对光线适应能力较强。放在室内养护时，尽量放在有明亮光线的地方，如采光良好的客厅、卧室、书房等场所。在室内养护一段时间后（1个月左右），就要把它搬到室外有遮阴（冬季有保温条件）的地方养护一段时间（1个月左右），如此交替调换。

（3）温度　由于逐蝇梅原产于亚热带地区，因此对冬季的温度的要求很严，当环境温度低于 8℃以下停止生长。

（4）修剪　在冬季逐蝇梅植株进入休眠或半休眠期，要把瘦弱、病虫、枯死、过密等枝条剪掉。也可结合扦插对枝条进行整理。

（5）换盆　逐蝇梅只要养护得法，它就会生长得很快，当生长到一定的大小时，就要考虑给它换个大一点的盆，以让它继续旺盛生长。

五、清凉香草：薄荷

薄荷（图6-28），在我国又叫银丹草。它全株有香气，可食用又可以入药，深受大家的喜爱。而薄荷又以它独特的气质，被人们赋予了清新，自然的象征。薄荷品种有上百种，其中胡椒薄荷、巧克力薄荷、柠檬薄荷味道最佳。

图6-28　薄荷

【环保功效】

薄荷属多年生草本植物，茎和叶子有刺激性清凉香味，可以入药。房间里摆放薄荷，散发出清凉香味，蚊子会明显减少。薄荷用处很多，用薄荷叶擦身，蚊子闻到气味就会远远躲避，不敢靠近。

【栽培指南】

（1）择土　薄荷对土壤没有太高的要求，然而最适宜在土质松散、有肥力、有机质丰富、排水通畅的含沙土壤中生长，不能忍受贫瘠与干旱，不能在黏重和酸碱性太强的土壤中正常生长。

（2）选盆　栽种薄荷适宜选择比较深的泥盆，最好不用塑料盆（图6-29）。

（3）栽培　在薄荷花盆底部铺放几块碎砖瓦片，以便于排水。在花盆中放入少量土壤，然后将薄荷幼苗放在盆中，一层一层填土，轻轻压实。浇透水分，然后放置阴凉处细心照料。

（4）光照　薄荷喜欢光照充足的环境及长日照，也较能忍受荫蔽，然而畏强烈的阳光直接照射久晒。

（5）温度　薄荷喜欢温暖，也较能抵御寒冷，生长适宜温度是20％～30％，温度太高或太低皆会减缓其生长速度。当土壤温度为2～3℃时，它的地下茎能萌芽，嫩芽能忍受－8℃的低温。

（6）浇水　薄荷在生长季节需要比较多的水分，需令盆土维持潮湿状态，不能太干燥，不然容易导致叶片变黄。在夏天干燥时，可以适度加大浇水量，然而不可积聚太多水。在秋天和冬天则要少浇一些水。

（7）施肥　每年应对薄荷植株追施3～5次肥料，可以在除草后进行。在植株生长的前期，为了促使茎叶长得繁茂，需主要施用氮肥，适量配合施用磷肥和钾肥，适宜"薄肥勤施"，不能施用太多或太浓的肥料。

（8）病虫害防治　薄荷经常发生的病害为斑枯病、锈病。

① 如果植株患了斑枯病，需立即拔掉患病植株并集中焚毁，且要在发病之初喷洒75%百菌清可湿性粉剂500～700倍液，每隔7天喷洒一次，连喷3～4次就能有效处理；

② 如果植株患了锈病，需在发病之初喷洒25%粉锈宁可湿性粉剂1000～1500倍液或65%代森锌可湿性粉剂500倍液来治理。但食用的薄荷在收割前20天不要再喷洒药液。

（9）繁殖　薄荷经常采用分株法及扦插法进行繁殖。

（10）修剪　在立春之后，可以对老龄薄荷植株采取修建措施。

图 6-29　薄荷盆栽

参考文献

［1］　赵庚义，车力华．花卉商品苗育苗技术．北京：化学工业出版社，2008．

［2］　冷平生，侯芳梅．家庭健康花草．北京：中国轻工业出版社，2007．

［3］　薛麒麟，郭继红，郭建平．切花栽培技术．上海：上海科学技术出版社，2007．

［4］　张启翔．中国观赏园艺研究进展．北京：中国林业出版社，2007．

［5］　沈杨．对抗室内污染的健康植物．北京：新华出版社，2006．

［6］　徐东群．居住环境空气污染与健康．北京：化学工业出版社，2005．

［7］　吴忠标，赵伟荣．室内空气污染与净化技术．北京：化学工业出版社，2005．

［8］　张金良，郭新彪．居室环境与健康．北京：化学工业出版社，2004．

［9］　张光宁，顾永华，汪毅．室内植物装饰．南京：江苏科学技术出版社，2004．

［10］　袭著革，杨旭，徐东群．室内空气污染与健康．北京：化学工业出版社，2004．

［11］　吴文涛，吴志旭．家居健康与禁忌．天津：百花文艺出版社，2004．

［12］　高溥超．色彩与健康．北京：中国农业科学技术出版社，2004．

［13］　张小勇，邓富贵．家庭养花 1000 问．贵阳：贵州人民出版社，2004．

［14］　朱天乐．室内空气污染控制．北京：化学工业出版社，2003．

［15］　徐鸿儒．居家室内环境保护．北京：中国建筑工业出版社，2003．

［16］　周中平，赵寿堂．室内污染检测与控制．北京：化学工业出版社，2002．

［17］　王文静．花卉病虫害防治．成都：四川科学技术出版社，2001．

［18］　鲁涤非．花卉学．北京：中国农业出版社，1998．

［19］　冯天哲．家庭养花三百问．北京：金盾出版社，1988．